省级重点专业建设成果

高等职业教育农学园艺类"十三五"规划教材

植物组织培养

主　编　李春龙　万　群　唐　敏

主　审　韩春梅　张世鲜

参　编　江成康（都江堰孙桥现代农业发展有限公司）

熊维全（成都农林科学院）

陈艳秋（成都农业科技职业学院）

姚　丽（成都农业科技职业学院）

西南交通大学出版社

·成都·

图书在版编目（CIP）数据

植物组织培养 / 李春龙，万群，唐敏主编. —成都：
西南交通大学出版社，2016.7（2020.1 重印）
高等职业教育农学园艺类"十三五"规划教材
ISBN 978-7-5643-4766-6

Ⅰ. ①植… Ⅱ. ①李… ②万… ③唐… Ⅲ. ①植物组
织 – 组织培养 – 高等职业教育 – 教材 Ⅳ. ①Q943.1

中国版本图书馆 CIP 数据核字（2016）第 147884 号

高等职业教育农学园艺类"十三五"规划教材

植物组织培养

主编　李春龙　　万群　　唐敏

责 任 编 辑	李　伟
特 邀 编 辑	张芬红
封 面 设 计	何东琳设计工作室
出 版 发 行	西南交通大学出版社 （四川省成都市金牛区二环路北一段 111 号 西南交通大学创新大厦 21 楼）
发行部电话	028-87600564　028-87600533
邮 政 编 码	610031
网　　　　址	http://www.xnjdcbs.com
印　　　　刷	成都蓉军广告印务有限责任公司
成 品 尺 寸	185 mm × 260 mm
印　　　　张	12
插　　　　页	2
字　　　　数	304 千
版　　　　次	2016 年 7 月第 1 版
印　　　　次	2020 年 1 月第 4 次
书　　　　号	ISBN 978-7-5643-4766-6
定　　　　价	32.00 元

课件咨询电话：028-81435775
图书如有印装质量问题　本社负责退换
版权所有　盗版必究　举报电话：028-87600562

前　言

　　植物组织培养是作物生产技术、园艺技术、园林技术、植物保护、种子生产与经营等专业的一门必修课。植物组织培养是现代生物技术的重要组成部分，是一门专业性、实践性很强的课程，技能训练课的重要性尤为突出。本课程对农业高职学生实践能力、创新能力和创业能力的培养，对产学研结合、为农业生产和地方经济建设服务具有重要的现实意义。

　　为适应现代高职教育教学的改革要求，大力推行工学结合，实现"教学做一体"，使学生切实掌握好植物组织培养这门技术，提高其实践操作能力和创业开发能力。编者对植物组织培养的教学内容进行了大胆改革，以理论"必需、够用"为原则（绝大多数理论知识以知识拓展的形式供学生自主学习用），重点突出实践和开发能力的培养，既符合当前职业岗位的要求，又可满足未来的发展需求。本书除对植物组织培养的理论基础和基础知识作简明必要的介绍以外，重点阐述了植物组织培养各方面的实用技术，内容包括植物组织培养中常用设备和仪器的使用方法、植物组织培养的基本技术、植物脱毒技术、组培苗木的工厂化生产以及植物组织培养实例（主要包括农作物、蔬菜、花卉、水果作物、药用植物及园林绿化植物的组织培养实用技术）。为了培养学生的实践动手能力，本书专门安排了 10 个实验实训内容，使学生能得到系统的训练，掌握实际操作技术。同时，书中还吸收了近年来植物组织培养方面所取得的最新成果和先进经验。书中每个项目之后附有思考题，可供学生思考、复习和练习之用。

　　本书可供高职高专院校作物生产技术、园林技术、园艺技术等专业学生使用，也可供中等专业学校、大专函授学校、成人高校相关专业学生使用，同时也可作为植物组培技术的培训教材以及植物组培爱好者、生产者的自学用书。

　　参加本书编写工作的有：成都农业科技职业学院李春龙老师（负责项目一、项目五、项目六的编写）、成都农业科技职业学院万群老师（负责项目二中任务三和任务四、项目四的编写）、成都农业科技职业学院唐敏老师（负责项目二中任务一和任务二、项目三、项目七的编写）。全书由成都农业科技职业学院韩春梅教授和成都农业科技职业学院现代农业分院张世鲜院长主审。

　　在本书编写过程中，编者已将所参考的文献资料列入参考文献，在此对相关作者表示诚挚的谢意。本书的编写得到了西南交通大学出版社的大力支持和热情帮助，编者在此深表感谢。

　　由于编者水平有限、经验不足，书中不足之处在所难免，恳请专家和同行批评指正，并提出宝贵意见。

编　者

2016 年 3 月

目　录

项目一　课程导入

任务一　植物组织培养的基础理论和基本知识

一、植物组织培养的概念和类型

（一）植物组织培养的概念

植物组织培养（plant tissue culture）是指在无菌条件下，将离体的植物器官、组织、细胞或原生质体，培养在人工配制的培养基（medium）上，人为控制适宜的培养条件，使其生长、分化、增殖，发育成完整植株或生产次生代谢物质的过程和技术。由于植物组织培养是在脱离植物母体条件下的试管内进行的，所以也称为离体培养（in vitro culture）或试管培养（test tube culture）。凡是用于离体培养的材料（器官、组织、细胞、原生质体等）统称为外植体（explant）。

原生质体（protoplast）是细胞的主要组成部分，指细胞壁以内各种结构的总称，包括细胞膜、细胞质与细胞核。

（二）植物组织培养的类型

植物组织培养有很多种分类方法，根据不同分类的依据可以分为不同类型。其中，比较常用的分类方法是根据培养材料将植物组织培养分为以下 6 个培养类型：植株培养、胚胎培养、器官培养、组织培养、细胞培养和原生质体培养。

（1）植株培养（plant culture）：是对完整植株材料的无菌培养。植株培养一般多以种子为材料的无菌培养，如春兰诱导种子萌发成苗。

（2）胚胎培养（embryo culture）：指从胚珠中分离出来的成熟或未成熟胚为外植体的离体无菌培养。

（3）器官培养（organ culture）：指以植物的根（根尖、根段）、茎（茎尖、茎段）、叶（叶原基、叶片、叶柄）、花器（花瓣、雄蕊）、果实、种子为外植体的离体无菌培养。

（4）组织培养（tissue culture）：指以分离出植物各部位的组织（如分生组织、形成层、表皮、皮层、薄壁组织等）或已诱导的愈伤组织为外植体的离体无菌培养，也是狭义的组织培养。

（5）细胞培养（cell culture）：指对植物体的单个细胞或较小细胞团的离体无菌培养，获得单细胞无性繁殖系。

（6）原生质体培养（protoplast culture）：指以除去细胞壁的原生质体为外植体的离体无菌培养。通过原生质体融合即体细胞杂交，能够获得种间杂种或新品种。

根据培养基状态将植物组织培养分为 3 个培养类型：固体培养（在培养基内加入琼脂）、半固体培养和液体培养（也叫悬浮培养）。液体培养又分为静止培养、振荡培养（培养过程中，将培养基和外植体放入振荡器中振荡而完成的培养过程，主要应用于组织培养和细胞培养）、旋转培养（培养过程中，将培养基和外植体放入摇床旋转而完成的培养过程，主要应用于器官脱分化培养）和纸桥培养（培养过程中，在培养基中放入滤纸，再将材料置于滤纸上而进行的培养过程，主要应用于植物脱毒茎尖培养）4 种类型。

根据培养方法可将植物组织培养分为 4 个培养类型：平板培养（将制备好的单细胞悬浮液，按照一定的细胞密度，接种在 1 mm 左右的薄层固体培养基上进行培养）、微室培养（人工制造一个小室，将单细胞培养在小室中的少量培养基上，使其分裂增殖形成细胞团的方法）、悬浮培养（将单个游离细胞或小细胞团悬浮在液体培养基中进行增殖培养的方法）和单细胞培养（在离体条件下对植物单个细胞进行增殖培养的方法）。

根据培养过程可将植物组织培养分为 2 个培养类型：初代培养（Primary culture，将植物体上分离下来的外植体进行最初培养的过程）和继代培养（Subculture，由于营养物质的枯竭、水分的散失以及一些组织代谢产物的积累，将初代培养诱导产生的培养物重新分割，转移到新鲜培养基上继续进行培养的过程称为继代培养，也称增殖培养，一般每隔 4~6 周进行一次继代培养）。

根据培养基的作用可将植物组织培养分为 3 个培养类型：诱导培养、增殖培养和生根培养。

根据培养目的可将植物组织培养分为 4 个培养类型：脱毒培养、微体快繁、试管育种和试管嫁接。

根据培养条件（培养过程是否需要光照）可将植物组织培养分为 2 个培养类型：光培养和暗培养。

二、植物组织培养的原理及过程

（一）植物组织培养的原理

植物组织培养的原理就是植物细胞具有全能性。细胞全能性（cell totipotency）是指植物体的每一个细胞都携带有一套完整的基因组，并具有发育成为完整植株的潜在能力，细胞的这种特性叫作细胞全能性。

细胞具有这种潜能是因为每个细胞都包含了这个物种所特有的全套遗传物质，具有发育成为完整个体所必需的全部基因。

对于植物细胞来说，不仅受精卵具有全能性，体细胞也具有全能性。植物细胞表达全能性大小顺序为受精卵>生殖细胞>体细胞。

植物生长调节物质是植物组织培养中的关键性物质，其中应用最多的是生长素类（IAA，诱导愈伤组织形成、诱导生根）和细胞分裂素类（CTK，诱导生芽）。已有实验表明赤霉素（GA）类物质可以促进已分化芽的伸长生长，而脱落酸（ABA）和乙烯（ETH）在实际应用中极少。

（二）植物组织培养的过程

植物组织培养的过程如图 1-1 所示。

图 1-1 完全展示了整个植物组织培养的过程，下面分别介绍组培过程中的几个关键性概念：

（1）脱分化（dedifferentiation）：又叫去分化，是指在一定条件下，已分化成熟细胞或静止细胞脱离原状态而恢复到分生状态的过程，即形成愈伤组织的过程。

（2）愈伤组织（callus）：指外植体在培养一段时间以后，通过细胞分裂，形成的一团无定形、高度液泡化、具有分生能力而无特定功能的薄壁组织，如图 1-2 所示。

图 1-1　植物组织培养过程图

图 1-2　愈伤组织

（3）再分化（redifferentiation）：是指在一定的条件下，植物的成熟细胞经历了脱分化形成愈伤组织后，由愈伤组织再形成完整植株的过程。

（4）试管苗（test-tube plantlet）：是指外植体在试管容器中经无菌培养所得到的植物种苗，如图 1-3 所示。

图 1-3　试管苗

三、植物组织培养的特点

植物组织培养是 20 世纪发展起来的一门新技术，由于科学技术的进步，尤其是外源激素的应用，使植物组织培养不仅从理论上为相关学科提供了可靠的实验证据，而且一跃成为一种大规模、批量工厂化生产种苗的新方法，并在生产上越来越得到广泛的应用。植物组织培养之所以发展迅速、应用广泛，是由于其具备以下几个特点。

（一）培养材料的来源广

由于植物细胞具有全能性，单个细胞、小块组织、茎尖或茎段等经过离体培养均可再生成完整的植株。在实际生产中，多以茎尖、茎段、根、叶片、子叶、下胚轴、花瓣、花药等器官或组织作为外植体，并且所需材料只需几毫米，甚至不到 1 mm。如果用细胞或原生质体培养时，所需材料更小。由于取材较少，培养效果较好，对于新品种的推广和良种复壮更新，尤其是对名、优、特、新、奇品种的保存、利用与开发，都有很高的应用价值和重要的实践意义。

（二）培养条件可以人为控制，可连续周年试验或生产

植物组织培养采用的植物材料完全是在人为提供的培养基和小气候环境条件（温度、光照、湿度等环境条件完全可人为控制）下进行生长，摆脱了大自然中四季、昼夜的变化以及灾害性气候的不利影响，且条件均一，对植物生长极为有利，便于连续、稳定地进行周年试验或生产。

（三）生长周期短，繁殖速度快

植物组织培养由于人为控制培养条件，可根据不同植物、不同器官、不同组织的不同要求而提供不同的培养条件，来满足其快速生长的要求，缩短培养周期。植株也比较小，一般 20~30 d 就完成一个繁殖周期，每一个繁殖周期可增殖几倍到几十倍，甚至上百倍，植物材料以几何级数增加。

植物组织培养在良种苗木及优质脱毒种苗的快速繁殖方面也是其他方法无可比拟的。虽然植物组织培养需要一定设备及能源消耗，但由于植物材料能按几何级数繁殖生产，故总体来说成本低廉，且能及时提供规格一致的良种苗木及优质脱毒种苗。一些珍稀繁殖材料往往以单株的形式存在，单单依靠常规无性繁殖方法，需要几年或几十年才能繁殖出为数不多的苗木，而用植物组织培养的方法可在 1~2 年内生产上百万株整齐一致的优质种苗。比如取非洲紫罗兰的 1 枚叶片进行培养，经 3 个月培养就可得到 5 000 株苗。

（四）管理方便，利于工厂化生产和自动化控制

植物组织培养是在一定的场所和环境下，人为提供一定的温度、光照、湿度、营养、激素等条件，进行高度集约化、高密度的科学培养生产，可比盆栽、田间栽培繁殖省去中耕除草、施肥浇水、病虫害防治等一系列繁杂的劳动，大大节省了人力、物力及田间种植所需要的土地，并可通过仪器仪表进行自动化控制，有利于工厂化生产。植物组织培养是未来农业工厂化育苗的发展方向。

任务二　植物组织培养在农业上的应用及植物组织培养新技术

一、植物组织培养在农业上的应用

植物组织培养在农业生产上主要应用于植物快繁、植物脱毒、新品种培育、植物种质资源保存及生产有用的次生代谢物等。

（一）植物离体快速繁殖

植物离体快速繁殖是植物组织培养在生产上应用最广泛、经济效益较高的一项技术，主要应用于那些通过其他方式不易繁殖，或繁殖率较低的植物繁殖上。其商业性应用始于 20 世纪 70 年代美国兰花工业，80 年代已被认为是能够带来全球经济利益的产业。据报道，全球有 1 000 多家组培公司，美国有 100 多家兰花组培公司，年产值 5 000 万 ~ 6 000 万美元（1 美元 ≈ 6.48 元人民币）。例如，美国的 Wyford 国际公司设有 4 个组培室，每年培养的观赏花卉、蔬菜、果树及林木等组培苗有 3 000 万株，研究和培育的新品种有 1 000 多个；以色列的 Benzur 公司年产观赏植物组培苗 800 万株；印度的 Harrisons Malayalam 有限公司年产观赏植物组培苗 400 万株。

通过离体快繁可在较短时期内迅速扩大植物的数量，在合适的条件下每年可繁殖出几万倍，乃至百万倍的幼苗。如 1 个草莓芽 1 年可繁殖 1 亿个芽，1 个兰花原球茎 1 年可繁殖 400 万个原球茎，1 株葡萄 1 年可繁殖 3 万株。

植物组培快繁技术在我国也得到了广泛的应用，到目前为止已报道有上千种植物的快速繁殖获得成功，包括观赏植物、蔬菜、果树、大田作物及其他经济作物。我国已有 300 多家科研单位和种苗工厂进入批量生产阶段。如海南、广东、福建的香蕉苗，云南、上海的鲜切花种苗，广西的甘蔗种苗，山东的草莓种苗，江苏、河北的速生杨种苗等。

（二）脱毒苗的培育

植物脱毒往往是和植物快繁结合在一起应用的。植物在生长发育过程中几乎都要遭受到病毒不同程度的侵染，特别是靠无性繁殖的植物，感染病毒后会代代相传，越染越重，严重地影响了产量和品质，给生产带来巨大损失。如草莓、马铃薯、甘薯、葡萄、香蕉等植物感染病毒后会造成产量下降、品质变劣；兰花、菊花、百合、康乃馨等观赏植物受病毒危害后，造成产花少、花小、花色暗淡，大大影响了其观赏价值。解决这种问题的方法只有进行脱毒培养。如大蒜脱毒后叶面积增加 58% ~ 96%，蒜头增产 32% ~ 114%，蒜薹增产 66% ~ 175%；甘薯脱毒后增产 17% ~ 158%，并且大、中薯率提高；马铃薯脱毒后株高增加 63% ~ 186%，增产 50% ~ 90%；柑橘无病毒苗可提高产量 15% ~ 45%，并且着色好、糖度高；草莓无病毒苗可提高产量 20% ~ 60%。

自 20 世纪 50 年代发现采用茎尖培养方法可除去植物体内的病毒以来，脱毒培养就成为解决病毒危害的主要方法。植物的脱毒原理是在植物体内病毒分布不均匀，在茎尖 0.1 ~ 1 mm 的部位含量较低或者不含有病毒，切取一定大小的茎尖分生组织进行培养，再生植株就可能脱除病毒，从而获得脱毒苗。脱毒苗恢复了植物原有的优良种性，生长势明显增强，整齐一致，产量提高，品质得到改善。如大蒜脱毒后蒜头直径由 4.7 cm 增加到 7.2 cm；马铃薯脱毒后增产 50%～100%，近两年脱毒的种薯已在主产区普及，推广面积达 11.3 万公顷，而且在日本、荷兰、越南等国也已大面积应用；兰花、水仙、大丽花等观赏植物脱毒后植株生长势强，花朵变大，产花量上升，色泽鲜艳。

目前，利用组织培养脱除植物病毒的方法已广泛应用于花卉、果树、蔬菜等植物上，并且我国已建立了很多脱毒种苗生产基地，培养脱毒苗供应全国生产栽培，经济效益非常可观。

（三）植物新品种的培育

1. 花药和花粉培养（单倍体育种）

通过花药或花粉培养可获得单倍体植株，不仅可以迅速获得纯的品系，更便于对隐性突变的分离，较常规育种大大地缩短了育种年限。1964 年，印度的 Guba 和 Maheshwari 培养毛叶曼陀罗花药获得了第一株单倍体植株，从而促进了花药和花粉培养的研究，以后在烟草、水稻、小麦、玉米、番茄、甜椒、草莓、苹果等多种植物上获得成功。如 1974 年我国科学家用单倍体育成世界上第一个作物新品种——烟草"单育 1 号"，之后又育成水稻"中花 8 号"、小麦"京花 1 号"等新品系。

由于单倍体植株往往不能结实，在花药或花粉培养中用秋水仙素处理，可使染色体加倍获得同源二倍体的纯合系，其后代不会分离，可以直接用于选育杂种一代的亲本或性状纯合的常规品种。与常规育种方法相比，通过花药和花粉培养获得单倍体的单倍体育种方法，可以在短时间内得到作物的纯系，从而加快了育种进程。

2. 胚培养

胚培养是植物组织培养中最早获得成功的技术。在植物种间杂交或远缘杂交中，杂交不孕给远缘杂交带来了许多困难，采用胚的早期离体培养可以使胚正常发育并成功地培养出杂交后代，并通过无性系繁殖获得数量多、性状一致的群体，从而育成新品种，如苹果和梨杂交种、大白菜与甘蓝杂交种、栽培棉与野生棉的杂交种等。胚培养已在 50 多个科、属中获得成功。利用胚乳培养可以获得三倍体植株，再经过染色体加倍获得六倍体，进而育成植株生长旺盛、果实大的多倍体植株。

3. 细胞融合

通过原生质体的融合，可部分克服有性杂交不亲和性，从而获得体细胞杂种，创造新物种或优良品种。目前，已获得 40 多个种间、属间甚至科间的体细胞杂种植株或愈伤组织，有些还进而分化成苗。

4. 选择细胞突变体

离体培养的细胞处于不断地分裂状态，容易受到培养条件和外界因素如射线、化学物质等的影响而发生变异，从中可以筛选出对人们有用的突变体，进而育成新品种。目前，用这种方法已筛选到抗病虫、抗寒、抗盐、抗除草剂毒性、高赖氨酸、高蛋白、矮秆高产的突变体，有些已用于生产。

5. 植物基因工程

植物基因工程是在分子水平上有针对性地定向重组遗传物质，改良植物性状，培育优质高产作物新品种，大大地缩短了育种年限，提高了工作效率，为人类开辟了一条诱人的植物育种新途径。迄今为止，已获得转基因植物百余种。植物基因转化的受体除植物原生质体外，愈伤组织、悬浮细胞也都可以作为受体。几乎所有的基因工程的研究最终都离不开应用植物组织培养技术和方法，它是植物基因工程必不可少的技术手段。

（四）有用次生代谢物的生产

利用植物组织或细胞的大规模培养，可以生产一些天然有机化合物，如蛋白质、糖类、脂肪、药物、香料、生物碱及其他生物活性物质等。这些次生代谢产物往往具有一些特定的功能，对人类有重要的影响和作用。目前，用单细胞培养产生的蛋白质，将给饲料和食品工业提供广阔的原料生产前途；用组织培养方法生产微生物以及人工不能合成的药物或有效成分，有些已投入生产。目前，已有 60 多种植物在培养组织中有效物质的含量高于原植物，如粗人参皂苷在愈伤组织中含量为 21.4%，在分化根中含量为 27.4%，而在天然人参根中的含量仅为 4.1%。

目前，利用植物组织培养生产的有用次生代谢产物主要集中在制药工业中一些价格高、产量低、需求量大的化合物上（如紫杉醇、长春碱、紫草宁等），其次是油料（如小豆蔻油、春黄菊油）、食品添加剂（如生姜、洋姜等）、色素、调味剂、饮料、树胶等。

（五）种质资源的离体保存

种质资源是农业生产的基础，由于自然灾害、人为活动已造成相当数量的植物消失或正在消失，特别是具有独特遗传性状的物种。如果采用植物组织培养的方式，将种质资源的外植体放到无菌环境中进行培养，并置于低温或超低温条件下保存则可以达到长期保存的目的，可节约大量的人力、物力和土地，还可挽救濒危物种。如一个 0.28 m^3 的普通冰箱可存放 2 000 支试管苗，而容纳相同数量的苹果植株则需要近 6 hm² 的土地。

离体保存的种质资源无菌、材料小、可长期保存，便于地区间和国际间进行交流、转移。如草莓茎尖在 4 ℃ 黑暗条件下，培养物可以保持生活力达 6 年之久，期间只需每 3 个月加入些新鲜培养液。再如胡萝卜和烟草等植物的细胞悬浮物，在-196 ～ -20 ℃ 的低温下储藏数月，尚能恢复生长，再生成植株。

（六）人工种子

人工种子（artificial seed）是由美国生物学家 Murashige 提出来的，是指植物离体培养中产生的胚状体或不定芽，被包裹在含有养分和保护功能的人工胚乳和人工种皮中。人工种子技术是在组织培养的基础上发展起来的新兴生物技术，具有工厂化大规模制备和储藏、迅速推广、种子萌发率高等优点。目前，兰花、胡萝卜、小麦、杂交水稻等人工种子已进入开发阶段，可以实现工厂化、自动化生产。

人工种子在自然条件下能够像天然种子一样正常生长，它可为某些珍稀物种的繁殖以及转基因植物、自交不亲和植物、远缘杂种的繁殖提供有效的手段。

（七）观赏组培

观赏组培是指在透明的塑料瓶中培养长势慢、可观叶或观根的植物，有些是可以开花的植物，如"手指玫瑰"，如图1-4所示，并将培养瓶做成各种个性十足的流行款式，使培养基着上各种鲜艳的颜色，更具有观赏价值，可作为室内装饰或手机、钥匙等的装饰物。

图 1-4　手指玫瑰

二、植物组织培养新技术

（一）植物开放式组培技术

植物开放式组织培养，简称开放组培，是在使用抗菌剂的条件下，使植物组织培养脱离严格无菌的操作环境，不需高压灭菌和超净工作台，利用塑料杯代替组培瓶，在自然开放的有菌环境中进行的植物组织培养。崔刚等采用中医理论，从多种植物中提取具有杀菌、抗菌作用的活性物质，成功研制出了具有广谱性杀菌能力的抗菌剂，并且通过开放组培方法成功建立了葡萄外植体的开放式培养。采用开放式组培技术，在培养基中添加抑菌剂，克服了非灭菌条件下魔芋组织培养污染的问题，有效地简化了实验步骤，降低了生产成本。开放组培技术突破了人工光源培养的限制，实现了大规模利用自然光进行植物培养的目标。

（二）无糖组培技术（光独立培养法）

植物组织培养过程中，小植株生长方式是以植物体靠培养基中的糖以人工光照进行异养和自养生长。由于传统的组培技术中使用的是含糖培养基，杂菌很容易侵入培养容器中繁殖，造成培养基的污染。为了防止杂菌侵入，通常将培养容器密闭，这样既造成植物生长缓慢，又容易出现形态和生理异常，同时增加了费用。20世纪80年代末，日本千叶大学古在丰树教授（见图1-5）发明了一种全新的植物组培技术——无糖组培技术，又叫光自养微繁技术。

该技术是植物组织培养的一种新概念，是环境控制技术和生物技术的有机结合。其特点在于：将大田温室环境控制的原理引入到常规组织培养中，通过改变碳源的供给途径，用CO_2气体代替培养基中的糖作为组培苗生长的碳源，采用人工环境控制的手段，提供适宜不同种类组培苗生长的光、温、水、气、营养等条件，促进植株的光合作用，从而促进植物的生长

图1-5 古在丰树教授

发育，使之由异养型转变为自养型，从而达到快速繁殖优质种苗的目的。由于该培养基主要采用多孔无机物质，如蛭石、珍珠岩和砂等作为培养基，因此不易引起微生物的污染。无糖培养技术的优点在于可大量生产遗传一致、生理一致、发育正常、无病毒的组培苗，并且缩短驯化时间，降低生产成本。目前，无糖组培技术已经成功应用于半夏、草莓、花椰菜的培养中，并且取得了很好的实验效果。但是，无糖培养法对环境要求较高，若无糖组培环境不能被控制并达不到一定的精度，就会严重影响组培苗的质量和经济效益。随着理论研究的不断深入及相关配套技术的不断完善，无糖组培技术必将成为今后组培生产的一种重要手段。

（三）新型光源在组培上的应用

目前，应用在植物组织培养上的新型光源主要有 LED、CCFL、SILHOS。

LED（light emitting diode）即发光二极管，被誉为 21 世纪的新型光源，具有效率高、寿命长、不易破损等优点。LED 波长正好与植物光合成和光形态建成的光谱范围相吻合，光能有效利用率可达 80%~90%，并能对不同光质和发光强度实现单独控制。因此，在植物组织培养中采用 LED 提供照明，能够调控组培植物的生长发育和形态建成，缩短培养周期。LED 在植物组培中的应用研究主要集中在日本和美国。日本的研究处于国际领先地位，不但开发了专门应用于植物组织培养的 LED 发光系统，而且与其他环境调控因子相结合，取得了一些重要的基础数据。中国一些科研机构也开始了这方面的研究，并自主开发了一些 LED 光源系统，用于植物组织培养。

CCFL（cold cathode fluorescent lamp）即冷阴极荧光灯管，是由日本的田中道男等自行设计和开发的新型光源，具有直径小、寿命长、热量低、红蓝光比例可控、耗电量低等优点。CCFL 可作为植物组培苗的光源，运用此光源为文心兰试管苗提供光照条件，结果表明其地上部干、鲜重和试管苗的高度都有显著提高。随着进一步改进，CCFL 照明系统将成为植物组织培养中的主要光源。

SILHOS 是田中道男等自行设计和开发的另一种新型光源，这是一种间接照明系统，其侧部发出均匀一致的光线，光线进入反射空间经反射薄膜反射后均匀分布。此新型光源具有如下特点：只需要 1 只荧光灯就能提供均匀的照明，它通过一个独特的曲面反射镜使光线均匀分布；避免在照明过程中产生热量，冷空气从一侧输送管进入后带走灯管所产生的热量，然后从另一侧管道将热量输送出去，可调整和控制由照明设备引起的环境温度变化；SILHOS 光源通过直立输送管道可以减少培养架不同培养层之间的温度差异。田中道男等利用 SILHOS 作为生菜组培光源，获得了高质量的组培苗。

新型光源克服了高压钠灯、金属卤化物灯和荧光灯寿命短、发热量大以及发光率不理想等缺点。它的应用将为组培苗的生长提供更加适宜的光照条件，有利于试管苗的生长，并且能延长光源的使用寿命，降低生产成本，还对试管苗栽培成活率有促进作用。随着相关技术的成熟和制造成本的降低，它将成为未来组织培养的应用光源。

【知识拓展】

三、植物组织培养的发展史

（一）探索阶段（20 世纪初至 30 年代中期）

根据德国植物学家 Schleiden 和德国动物学家 Schwann 的细胞学说（cell theory）（细胞学说的两条最重要的基本原理：地球上的生物都是由细胞构成的；所有的生活细胞在结构上都是类似的），1902 年，德国植物生理学家 Haberlandt（见图 1-6）提出了细胞全能性理论，认为在适当的条件下，离体的植物细胞具有不断分裂和繁殖，并发育成完整植株的潜在能力。为了证实这一观点，他在 Knop 培养液中离体培养野芝麻、凤眼兰的栅栏组织和虎眼万年青属植物的表皮细胞。由于选择的实验材料高度分化和培养基过于简单，他只观察到细胞的增长，并没有观察到细胞分裂。但这一理论对植物组织培养的发展起到了先导作用，激励后人继续探索和追求。

图 1-6　德国植物生理学家 Haberlandt

1904 年，Hanning 在无机盐和蔗糖溶液中对萝卜和辣根菜的胚进行培养，结果发现离体胚可以充分发育成熟，并提前萌发形成小苗。1922 年，Haberlandt 的学生 Kotte 和美国的 Robins 在含有无机盐、葡萄糖、多种氨基酸和琼脂的培养基上，培养豌豆、玉米和棉花的茎尖和根尖，发现离体培养的组织可进行有限生长，形成了缺绿的叶和根，但未发现培养细胞有形态发生能力。

在 Haberlandt 实验之后的 30 多年中，人们对植物组织培养的各个方面进行了大量的探索性研究，但由于对影响植物组织和细胞增殖及形态发生能力的因素尚未研究清楚，除了在胚和根的离体培养方面取得了一些结果外，其他方面的研究没有大的进展。

（二）奠基阶段（20 世纪 30 年代末期至 50 年代末期）

直到 1934 年，美国植物生理学家 White（见图 1-7）利用无机盐、蔗糖和酵母提取液组成的培养基进行番茄根离体培养，建立了第一个活跃生长的无性繁殖系，使根的离体培养实验获得了真正的成功，并在以后 28 年间反复转移到新鲜培养基中继代培养了 1 600 代。

1937 年，White 又以小麦根尖为材料，研究了光照、温度、培养基组成等各种培养条件对生长的影响，发现了 B 族维生素对离体根生长的作用，并用吡哆醇、硫胺素、烟酸 3 种 B 族维生素取代酵母提取液，建立了第一个由已知化合物组成的综合培养基，该培养基后来被定名为 White 培养基。

图 1-7　美国植物生理学家 White

与此同时，法国的 Gautherer 在研究山毛柳和黑杨等形成层的组织培养实验中，提出了 B

族维生素和生长素对组织培养的重要意义，并于 1939 年连续培养胡萝卜根形成层获得首次成功。Nobecourt 也由胡萝卜建立了与上述类似的连续生长的组织培养物。1943 年，White 出版了《植物组织培养手册》专著，使植物组织培养开始成为一门新兴的学科。White、Gautherer 和 Nobecourt 3 位科学家被誉为植物组织培养学科的奠基人。

1948 年，美国学者 Skoog 和我国学者崔澂在烟草茎切段和髓培养以及器官形成的研究中发现，腺嘌呤或腺苷可以解除培养基中 IAA 对芽形成的抑制作用，能诱导形成芽，从而认识到腺嘌呤和生长素的比例是控制芽形成的重要因素。

1952 年，Morel 和 Martin 通过茎尖分生组织的离体培养，从已受病毒侵染的大丽花中首次获得脱毒植株。1953 年至 1954 年，Muir 利用振荡培养和机械方法获得了万寿菊和烟草的单细胞，并实施了看护培养，使单细胞培养获得初步成功。1957 年，Skoog 和 Miller 提出植物生长调节剂控制器官形成的概念，指出通过控制培养基中生长素和细胞分裂素的比例来控制器官的分化。1958 年，英国学者 Steward 等以胡萝卜为材料，通过体细胞胚胎发生途径培养获得了完整的植株，首次得到了人工体细胞胚，证实了 Haberlandt 的细胞全能性理论。

在这一发展阶段，通过对培养基成分和培养条件的广泛研究，特别是对 B 族维生素、生长素和细胞分裂素作用的研究，确立了植物组织培养的技术体系，并首次用实验证实了细胞全能性，为植物组织培养以后的迅速发展奠定了基础。

（三）迅速发展阶段（20 世纪 60 年代至今）

当影响植物细胞分裂和器官形成的机理被揭示后，植物组织培养进入了迅速发展阶段，研究工作更加深入，从大量的物种诱导获得再生植株，形成了一套成熟的理论体系和技术方法，并开始大规模生产应用。

1960 年，Cocking 用真菌纤维素酶分离番茄原生质体获得成功，开创了植物原生质体培养和体细胞杂交的工作。1960 年，Morel 利用茎尖培养兰花，该方法繁殖系数极高，并能脱去植物病毒，其后开创了兰花快速繁殖工作，并形成了"兰花产业"。

1962 年，Murashibe 和 Skoog 发表了适用于烟草愈伤组织快速生长的改良培养基，也就是现在广泛使用的 MS 培养基。1964 年，印度 Guha 等人成功地在毛叶曼陀罗花药培养中，由花粉诱导得到单倍体植株，从而促进了花药和花粉培养的研究。

1971 年，Takebe 等在烟草上首次由原生质体获得了再生植株，这不仅证实了原生质体同样具有全能性，而且在实践上为外源基因的导入提供了理想的受体材料。1972 年，Carlson 等利用硝酸钠进行了两个烟草物种之间原生质体融合，获得了第一个体细胞种间杂种植株。1974 年，Kao 等人建立了原生质体的高钙高 pH 的聚乙二醇（PEG）诱导细胞融合法，把植物体细胞杂交技术推向新阶段。

随着分子遗传学和植物基因工程的迅速发展，以植物组织培养为基础的植物基因转化技术得到了广泛应用，并取得了丰硕成果。自 1983 年 Zambryski 等采用根癌农杆菌介导转化烟草，获得了首例转基因植物以来，利用该技术在水稻、玉米、小麦、大麦等主要农作物上取得了突破进展。迄今为止，通过农杆菌介导将外源基因导入植物已育成了一批抗病、抗虫、抗除草剂、抗逆境及优质的转基因植物，其中有的开始在生产上大面积推广使用。转基因技术的发展和应用表明组织培养技术的研究已开始深入到细胞和分子水平。

思考与练习

1. 名词解释：植物组织培养、愈伤组织、外植体、细胞全能性、脱分化、再分化、原生质体。

2. 植物组织培养的类型有哪些？

3. 植物组织培养在农业上的应用主要有哪些？

4. 图 1-8 说明植物组织培养需要注意什么样的问题？

图 1-8　植物组织培养示例图

项目二　无菌操作前的准备工作

任务一　植物组织培养实验室设计与组成

一、植物组织培养实验室设计

（一）概　述

在进行植物组织培养工作之前，首先应对工作中需要哪些最基本的设备条件有全面的了解，以便因地制宜地利用现有房屋新建或改建实验室。实验室的大小取决于工作的目的和规模。以工厂化生产为目的，实验室规模太小，则会限制生产，影响效率。在设计植物组织培养实验室时，应按组织培养程序来设计，避免某些环节倒排，引起日后工作混乱。植物组织培养是在严格无菌的条件下进行的。要做到无菌的条件，需要一定的设备、器材和用具，同时，还需要人工控制温度、光照、湿度等培养条件。

（二）植物组织培养实验室设计原则

1. 选　址

理想的植物组织培养实验室应该建立在安静、清洁、远离污染源的地方，最好在常年主风向的上风方向，尽量减少污染。规模化生产的植物组织培养实验室最好建在交通便利的地方，以便于培养出来的产品的运送。

2. 考虑事项

植物组织培养实验室的建设均需考虑两个方面的问题：一是所从事的实验的性质，即是生产性的还是研究性的，是基本层次的还是较高层次的；二是实验室的规模，规模主要取决于经费和实验性质。

3. 原　则

无论实验室的性质和规模如何，实验室设置的基本原则是科学、高效、经济和实用。一个植物组织培养实验室必须满足 3 个最基本的需要，分别是实验准备（培养基制备、器皿洗涤、培养基和培养器皿灭菌）、无菌操作和控制培养。此外，还可根据从事的实验要求来考虑辅助实验室及其各种附加设施，以使实验室更加完善。

二、植物组织培养实验室的组成

基本实验室包括准备室、洗涤灭菌室、缓冲室、无菌操作室和培养室，是植物组织培养实验所必须具备的基本条件。如果进行工厂化生产，年产 4 万 ~ 20 万株，需 3 ~ 4 间实验用房，总面积 60 m²。

1. 准备室

准备室又叫化学实验室，进行一切与实验有关的准备工作。其功能是完成所使用的各种药品的贮备、称量、溶解、器皿洗涤、培养基配制与分装、培养基和培养器皿的灭菌、培养材料的预处理等。

该室要求 20 m² 左右，宽敞明亮，以便放置多个实验台和相关设备，方便多人同时工作；同时，要求通风条件好，便于气体交换；实验室地面应便于清洁，并应进行防滑处理。

该室又分为两种类型即① 分体式-研究性质实验室：适用于高层次的研究性的实验，将准备室分成若干个房间，分解为药品贮藏室、培养基配制与洗涤室和灭菌室等，功能明确，便于管理，但不适于大规模生产。② 通间式-规模化实验室：适用于大规模生产，准备室一般设计成大的通间，使试验操作的各个环节在同一房间内按程序完成，准备试验的过程在同一空间进行，便于程序化操作与管理，试验中减少各环节间的衔接时间，从而提高工作效率；此外还便于培养基配制、分装和灭菌的自动化操作程序设计，从而减少规模化生产的人工劳动，更便于无菌条件的控制和标准化操作体系的建立。

该室应具备实验台、药品柜、水池、仪器、药品、防尘橱（放置培养容器）、冰箱、天平、蒸馏水器、酸度计及常用的培养基配制用玻璃仪器等设备。

2. 洗涤灭菌室

该室主要完成各种器具的洗涤、干燥、保存、培养基的灭菌等。

该室的大小应根据工作量的大小来决定，一般面积控制在 30 ~ 50 m²。在实验室的一侧设置专用的洗涤水槽，用来清洗玻璃器皿。中央实验台还应配置 2 个水槽，用于清洗小型玻璃器皿。如果工作量大，可以购置一台洗瓶机。准备 1 ~ 2 个洗液缸，专门用于洗涤对洁净度要求很高的玻璃器皿，地面要求耐湿并且排水良好。

该室应具备水池、落水架、中央实验台、高压灭菌锅、超声波清洗器、干燥灭菌器（如烘箱）等设备。

3. 缓冲室

该室是进入无菌室前的一个缓冲场地，减少人体从外界带入的尘埃等污染物。工作人员在此更衣换鞋，戴上口罩，才能进入无菌操作室和培养室，以减少进出时带入接种室杂菌。

缓冲室需 3 ~ 5 m²，应建在无菌操作室外，应保持清洁无菌，备有鞋架和衣帽挂钩，并有清洁的实验用拖鞋、已灭过菌的工作服；墙顶用 1 ~ 2 盏紫外灯定时照射，对衣物进行灭菌。该室最好也安一盏紫外线灭菌灯，用以照射灭菌。缓冲室的门应该与接种室的门错开，两个门也不要同时开启，以保证无菌操作室不因开门和人的进出而带进杂菌。

4. 无菌操作室

无菌操作室也叫接种室，主要用于植物材料的消毒、接种、培养物的转移、试管苗的继代、原生质体的制备以及一切需要进行无菌操作的技术程序。无菌操作是植物离体培养研究或生产中最关键的一步。

接种室宜小不宜大，一般要求 7 ~ 8 m²。要求地面、天花板及四壁尽可能密闭光滑，最好采用防水和耐腐蚀材料，以便于清洁和消毒，能较长时间保持无菌，因此不宜设在容易受潮的地方；配置拉动门，以减少开关门时的空气扰动。接种室要求干爽安静、清洁明亮，在适当位置吊装 1~2 盏紫外线灭菌灯，用以照射灭菌。最好安装一小型空调，使室温可控，这样可使门窗紧闭，减少与外界空气对流。

一般新建实验室的无菌室在使用之前应进行灭菌处理：用甲醛和高锰酸钾进行熏蒸，并应定期进行灭菌处理，还可用紫外线每周照射 1~2 h，或每次使用前照射 30 min。

该室应具备紫外灯、空调、解剖镜、消毒器、酒精灯、接种器械（接种镊子、剪刀、解剖刀、接种针）、实验台、搁架、超净工作台和整套灭菌接种仪器、药品等设备。

5. 培养室

培养室是将接种的离体材料进行控制培养生长的场所，主要用于控制培养材料生长所需的温度、湿度、光照、水分等条件。

培养室的基本要求是能够控制光照和温度，并保持相对的无菌环境，因此，培养室应保持清洁（应定期用 20% 的新洁尔灭消毒，以防止杂菌生长）和适度干燥。培养室的大小可根据培养架的大小、数目及其他附属设备而定，其设计以充分利用空间和节省能源为原则；每一个培养室的空间不宜过大，便于对条件的均匀控制，一般要求 10~20 m²。培养室高度比培养架（培养架上需安装日光灯照明）略高为宜，周围墙壁要求有绝热防火的性能。

培养室最重要的因子是温度，一般保持在 20~27 ℃，具备产热装置，并安装窗式或立式空调机。由于热带植物和寒带植物等不同种类要求不同温度，最好不同种类有不同的培养室。

室内湿度也要求恒定，相对湿度以保持在 70%~80% 为好，可安装加湿器。如控制光照时间，可安装定时开关钟，一般需要每天光照 10~16 h，也有的需要连续照明。短日照植物需要短日照条件，长日照植物需要长日照条件。现代组培实验室大多设计为采用自然太阳光照作为主要能源，这样不但可以节省能源，而且组培苗接受太阳光生长良好，驯化易成活。在阴雨天可用灯光作补充。

该室应具备培养架、摇床、转床、自动控时器、紫外灯、光照培养箱或人工气候箱、生化培养箱、边台实验台（用于拍摄培养物生长状况）、除湿机、显微镜、温湿度计、空调等设备。

【知识拓展】

根据研究或生产的需要而配套设置的专门实验室，主要用于细胞学观察和生理生化分析辅助实验室。

三、细胞学实验室

细胞学实验室主要用于对培养物的观察分析与培养物的计数，对培养材料进行细胞学鉴定和研究，由制片室和显微观察室组成。制片是获取显微观察数据的基础，配备有切片机、磨刀机、温箱及样品处理和切片染色的设备，同时应有通风橱和废液处理设施。显微观察室主要有显微镜和图像拍摄、处理设备。

该室要求清洁、明亮、干燥、防止潮湿和灰尘污染。

该室应具备双筒实体显微镜、显微镜、倒置显微镜等设备。

四、生理生化分析实验室

该室是以培养细胞产物为主要目的的实验室，应建立相应的分析化验实验室，随时对培养物成分进行取样检查。大型次生代谢物生产，还需有效分离实验室。

任务二 植物组织培养中常用设备和仪器

一、常规设备

（一）天 平

植物组织培养实验室需要 2~3 台不同精度的天平。感量 0.001 g 的电子天平和感量 0.000 1 g 的电子天平用于称量微量元素和一些较高精确度的实验用品；感量 0.01 g 和 0.1 g 的电子天平，用于大量元素母液配制和一些用量较大的药品的称量，如图 2-1 所示。

图 2-1 各种感量的电子天平

（二）冰 箱

冰箱主要用于各种维生素和激素类药品以及培养基母液的低温保存以及某些试验材料的低温处理，普通冰箱（见图 2-2）即可。

图 2-2 普通冰箱

（三）酸度计

酸度计（见图 2-3）主要用于测定培养基及其他溶液的 pH，一般要求可测定 pH 范围为 1~14，精度为 0.01 即可。

图 2-3　酸度计

（四）离心机

离心机主要用于细胞、原生质体等活细胞分离，也可用于培养细胞的细胞器、核酸以及蛋白质的分离提取。根据分离物质不同配置不同类型的离心机。一般细胞、原生质体等活细胞的分离用低速离心机（见图 2-4）；核酸、蛋白质的分离用高速冷冻离心机；规模化生产次生产物，还需选择大型离心分离系统。

图 2-4　低速离心机

（五）加热器

加热器主要用于培养基的配制。研究性实验室一般选用带磁力搅拌功能的加热器，规模化大型实验室用大功率加热和电动搅拌系统，如图 2-5 所示。

图 2-5　SP-18 智能数显磁力加热搅拌器

（六）纯水机

纯水机如图2-6所示。

图2-6　纯水机

（七）分装设备

分装设备（见图2-7）主要用于培养基的自动分装。

图2-7　AES全自动培养基分装系统

二、灭菌设备

（一）高压灭菌锅

高压灭菌锅主要用于培养基、玻璃器皿以及其他可高温灭菌用品的灭菌，根据规模大小有手提式、立式、卧式等不同规格，如图2-8所示。

图2-8　手提式、立式、卧式高压灭菌锅

（二）干热消毒柜

干热消毒柜主要用于金属工具如镊子、剪刀、解剖刀以及玻璃器皿的灭菌。一般选用 200 ℃ 左右的普通或远红外线消毒柜，如图 2-9 所示。

图 2-9　远红外线消毒柜

（三）过滤灭菌器

过滤灭菌器（见图 2-10）主要用于一些酶制剂、激素以及某些维生素等不能高压灭菌试剂的灭菌。过滤灭菌器主要有真空抽滤式和注射器式。

图 2-10　过滤灭菌器

（四）紫外灯

紫外灯（见图 2-11）是方便经济的控制无菌环境的装置，是缓冲间、接种室和培养室必备的灭菌设备。

图 2-11　紫外灯杀菌

三、无菌操作设备

（一）接种箱

接种箱（见图 2-12）是使用较早的最简单的无菌装置，主体为玻璃箱罩、入口有袖罩，内装紫外灯和日光灯，使用时对无菌室要求较高。

图 2-12　接种箱

（二）超净工作台

超净工作台（见图 2-13）操作台面是半开放区，具有方便操作、舒适的优点，通过过滤的空气连续不断吹出，直径大于 0.03 μm 的微生物很难在工作台的操作空间停留，保持了较好的无菌环境。由于过滤器吸附微生物，使用一段时间后过滤网易堵塞，因此应定期更换。

图 2-13　单人单面垂直送风超净工作台

四、培养设备

（一）培养架

培养架（见图 2-14）是目前所有植物组织培养实验室植株繁殖培养的通用设施。其成本低，设计灵活，可充分利用培养空间，以操作方便、最大限度利用培养空间为原则。培养架大多由金属制成，一般设 4~5 层，最低一层离地高约 10 cm，层间间隔为 40~50 cm，总高度为 1.7 m 左右，长度根据日光灯的长度而设计，如采用 40 W 的日光灯其长为 1.3 m，30 W 的日光灯其长为 1 m，宽度一般为 60 cm。光照度可根据培养植物的特性来确定，一般每架上配备 2~4 盏日光灯。

图 2-14　培养架

（二）培养箱

细胞培养、原生质体培养等要求精确培养的实验，可用光照培养箱（供光照培养之用，用于分化培养和试管苗生长之用，有可调湿和不可调湿的功能之分）、调温调湿培养箱（供暗培养之用，可防止培养基干枯）、CO_2 培养箱、调温培养箱（供暗培养之用，即普通温箱），如图 2-15 所示。

图 2-15　培养箱

（三）摇　床

进行液体培养时，为改善通气状况，可用振荡培养箱或摇床，如图 2-16 所示。

●带紫外灯消毒

图 2-16　摇床

（四）生物反应器

进行植物细胞生产次生产物的实验室，还需生物反应器，如图 2-17 所示。

图 2-17　生物反应器

五、培养容器与培养用具

培养容器指盛有培养基并提供培养物生长空间的无菌容器；培养用具指培养物接种封口所用的各种金属或塑料制品，这些都是植物组织培养实验室必备的设备。

（一）培养容器

培养容器包括各种规格的培养皿（适于作单细胞的固体平板培养、胚和花药培养和无菌发芽。常用的规格为直径 40、60、120 mm，见图 2-18）、三角瓶（组织培养中用得最多的规格是 50 mL 和 100 mL 的，其优点是采光好，瓶口较小不易失水；缺点是价格昂贵，容易破损，且瓶矮，不适于单子叶植物的长苗培养，见图 2-19）、试管（适于进行花药培养和单子叶植物分化长苗培养，见图 2-20）、培养瓶（各种玻璃瓶都可以作为试管苗繁殖用的培养瓶，一般为 250 mL 和 500 mL，见图 2-21）。玻璃容器一般用无色并不产生颜色折射的硼硅酸盐玻璃材质。塑料容器材质轻、不易破碎、制作方便，被广泛使用，一般为聚丙烯、聚碳酸酯材料的培养容器。

图 2-18　培养皿　　　　图 2-19　三角瓶　　　图 2-20　试管

图 2-21　培养瓶

（二）金属用具

1. 镊　子

小的尖头镊子主要用于解剖和分离叶表皮；枪形镊子，其腰部弯曲，长 16～22 cm，主要用于转移外植体和分株转移繁殖转接，如图 2-22 所示。

图 2-22　小的尖头镊子和枪形镊子

2. 剪　刀

不锈钢医用弯头剪（见图 2-23），主要用于剪取材料和切段转移繁殖，长 14～22 cm。

图 2-23　剪刀

3. 解剖刀

解剖刀（见图 2-24）有活动和固定式 2 种。活动的可以更换刀片，用于分离培养物；固定的用于大外植体解剖。植物组织培养中多用短柄可换刀片的医用不锈钢解剖刀。

图 2-24　解剖刀

4．其他用具

接种铲、接种针（见图2-25），均需用不锈钢制成，主要用于花药培养和花粉培养，也常用于试管中愈伤组织的转移。

图 2-25　接种铲和接种针

（三）塑料用具

塑料用具包括各种封口膜（见图2-26）、盖、塑料盘（见图2-27）及其他实验用具，如组培推车（见图2-28）、酒精灯（主要用于金属工具的灭菌和在火焰无菌圈内进行无菌操作，见图2-29）、电炉（见图2-30）等。

图 2-26　封口膜　　　　　　　　　图 2-27　耐高温组培盘

图 2-28　组培推车　　　　图 2-29　酒精灯　　　　图 2-30　万用电炉

实验实训一　园区植物组织培养实验室的参观与设计

一、实验实训目的

通过认知实训，了解植物组织培养实验室的布局，掌握植物组织培养的程序，同时熟悉组织培养中涉及的各种仪器设备和器皿用具。

二、仪器与用具

超净工作台、蒸馏水发生器或纯水发生器、高压灭菌器、普通冰箱、微波炉、煤气灶或电炉、显微镜、万分之一（或千分之一）电子天平、恒温箱、烘箱、各种培养器皿、分注器、各种实验器皿和各种器械用具。

三、方法步骤

（1）集中学习植物组织培养实验室安全守则及有关注意事项。

① 实验人员必须熟悉仪器、设备性能和使用方法，按规定要求进行操作。

② 组织培养室应保持室内通风良好，避免不必要的污染。

③ 在无菌室操作时，必须穿工作服，戴工作帽及口罩，使用前必须经紫外线照射或其他方法消毒才可使用，操作必须严格无菌操作，以免污染。

④ 在无菌室的超净工作台使用后，必须用酒精消毒手和台面，然后开紫外线照射 20 min。

⑤ 不使用无标签（或标志）容器盛放的试剂、试样。

⑥ 实验中产生的废液、废物应集中处理，不得任意排放；所用的培养物、被污染的玻璃器皿，都必须用消毒水泡过夜，或煮沸、用高压蒸汽灭菌等方法处理后再清洗。

⑦ 在实验室中使用手提高压灭菌锅时，必须熟悉操作过程，操作时不得离开，时刻注意压力表，不得超过额定范围，以免发生危险。

⑧ 严格遵守安全用电规程，不使用绝缘损坏或接地不良的电器设备，不准擅自拆修电器。

⑨ 实验完毕，实验人员必须洗手及消毒后方可进食，并不准把食物、食具带进实验室，实验室内禁止吸烟。

⑩ 实验室应配备消防器材，实验人员要熟悉其使用方法并掌握有关的灭火知识。实验结束，人员离室前要检查水、电、燃气和门窗，确保安全。

（2）由指导教师讲解植物组织培养的流程。

（3）指导教师讲解组培实验室的构建情况，包括配制室、洗涤灭菌室、无菌操作室（又称接种室）和培养室的设计要求。

（4）指导教师讲解仪器设备的名称、用途及使用方法。

（5）指导教师讲解在实验室中培养材料的一些常用参数，如培养间的温度、湿度、光照时数、光照度等。

四、作　业

（1）撰写实验实训报告。
（2）每人设计一个植物组织培养实验室的组建方案。

实验实训二　组培器皿和器械的洗涤、灭菌及环境的消毒

一、实验实训目的

通过实验,使学生了解并掌握组织培养所用实验器皿和器械的洗涤、灭菌及环境的消毒方法。

二、实验实训原理

实验仪器和器械的清洗、消毒及灭菌是组织培养成功的关键所在,是外植体免受污染的前提。由于灭菌剂的种类不同,所以选择消毒剂既要考虑良好的消毒、杀菌作用,又要易被蒸馏水冲洗掉。

无菌的环境是植物组织培养成功的前提,因为绝大多数操作程序要求在无菌条件下进行。

三、实验实训步骤

（一）器皿与用具的洗涤

1. 玻璃器皿的洗涤

新购置的玻璃器皿或多或少都含有游离的碱性物质,使用前要先用1%的稀HCl浸泡一夜,再用肥皂水洗净,清水冲洗后,再用蒸馏水冲洗 1 次,晾干后备用。用过的玻璃器皿,用清水冲洗,蒸馏水冲洗 1 次,晾干后备用即可。

对于已被污染的玻璃器皿则必须在高压蒸汽灭菌后,倒去残渣,用毛刷刷去瓶壁上的培养液和病斑后,再用清水冲洗干净,蒸馏水冲淋一遍,晾干备用,切忌不可用水直接冲洗,否则会造成培养环境的污染。清洗后的玻璃器皿,瓶壁应透明发亮,内外壁水膜均一,不挂水珠。

2. 金属用具的洗涤

新购置的金属用具表面上有一层油腻,需擦净油腻后再用热肥皂水洗净,清水冲洗后,擦干备用。用过的金属用具,用清水洗净,擦干备用即可。

3. 每人清洗部分玻璃器皿

清水洗净→浸入洗衣粉溶液中洗刷→清水反复冲洗→蒸馏水淋一遍→烘干备用。

对于较脏玻璃器皿的洗涤:采用先碱后酸的方法,即用洗衣粉洗刷后冲洗干净→晾干→浸入酪酸洗液（一种强氧化剂,去污能力强,配制方法:重铬酸钾 40 g,溶解在 500 mL 水中,然后徐徐加入 450 mL 粗制浓硫酸）,浸泡时间视器皿的肮脏程度而定→清水反复冲洗干净→蒸馏水淋洗一遍→烘干备用。

对于带有石蜡或胶布的器皿：先将其除去，再用常规洗涤，石蜡用水煮沸数次即可去掉，胶布黏着物则需用洗衣粉液煮沸数小时，再用水冲洗，晾干后浸入洗液，以后的步骤同前。

（二）玻璃器皿、用具及环境的灭菌

1．玻璃器皿和用具的灭菌

（1）干热灭菌法。

将洗干净晾干后的培养皿、三角瓶、吸管等玻璃用具和解剖针、解剖刀、镊子等金属器具用纸包好，放进电热烘干箱，当温度升至 100 ℃ 时，启动箱内鼓风机，使电热箱内的温度均匀。当温度升至 150 ℃ 时，定时控制 40 min（或 120 ℃ 定时 120 min），达到灭菌的目的。但干热灭菌温度不能超过 180 ℃，否则包器皿的纸或棉塞就会烧焦，甚至引起燃烧。

（2）高压蒸汽灭菌法。

用手提式高压灭菌锅，在 1.2 个大气压下保持 15～20 min。有些如聚丙烯、聚甲基戊烯等类型的塑料用具也可进行高温消毒。

（3）灼烧灭菌。

用于无菌操作的镊子、解剖刀等用具除高压蒸汽灭菌外，在接种过程中还常常采用灼烧灭菌，将镊子、解剖刀等从浸入 95% 的酒精中取出，置于酒精灯火焰上灼烧，借助酒精瞬间燃烧产生的高热来达到杀菌的目的。操作过程中要反复浸泡、灼烧、放凉、使用，操作完毕后，用具应擦拭干净后再放置。

（4）过滤灭菌。

某些生长调节物质在高温下易分解，可采用过滤灭菌法，把经过高压灭菌后的过滤器、滤膜、承接过滤灭菌后滤液的容器、移液管或移液枪枪头放入超净工作台，同时，将配制好的需要过滤灭菌的生长调节物质、抗生素等一并放入超净工作台；双手消毒，在超净工作台内安装过滤灭菌器；将待滤的生长调节物质等加入过滤漏斗或注射器内，启动减压过滤灭菌器（见图 2-31）或用力推压注射器活塞杆，使液体流过滤膜；将滤液按照培养基培养要求加入的量用移液管或移液枪（枪头已灭菌）立即加入已凝固的固体培养基中，如果是液体培养基则可等液体培养基冷却后再加入。

图 2-31　过滤灭菌器

2．环境的消毒

（1）地面、墙壁和工作台的灭菌。

每次使用前，将配好的 20%新洁尔灭溶液倒入喷雾器中，对接种室地面、墙壁、角落均匀地喷雾，在喷房顶时，注意不要让药液滴入眼睛。然后开启紫外灯开关，照射 15～30 min，一般紫外线消毒后不要立即进入，应在关闭紫外灯 15～20 min 后再进入室内。

（2）无菌室和培养室的灭菌。

对于无菌室和培养室等无菌要求比较严格的地方，一般采用熏蒸的方法进行消毒（也可采用臭氧消毒）。一般要求每年熏蒸 1～2 次。首先将房子密封，然后在房子中间放一个盆或大烧杯，将称好的高锰酸钾放入其中，每立方米空间用甲醛 10 mL 加高锰酸钾 5 g 的配比液进行熏蒸，再把已称量的甲醛溶液慢慢倒入缸内，完毕，人迅速离开，并关上门，密封 3 d。操作前要戴好口罩及手套，倒入甲醛时要小心，因为甲醛遇到高锰酸钾会迅速沸腾，并产生大量烟雾，操作时人要迅速避开烟雾。3 d 后，打开房间，搬走废液缸，7 d 后方可进入操作。在已经熏蒸过的房间内，用 70%的酒精纱布擦洗培养架、工作台。

（3）臭氧消毒。

臭氧以氧原子的氧化作用破坏微生物膜的结构，以实现杀菌作用。与其他杀菌剂不同的是，臭氧能穿入菌体内部，作用于蛋白和脂多糖，改变细胞的通透性，从而导致细菌死亡。臭氧直接与细菌、病毒作用，破坏了它们的细胞器和 DNA、RNA，使细菌的新陈代谢受到破坏，导致细菌死亡；另外，臭氧透过细胞膜组织，侵入细胞内，作用于外膜的脂蛋白和内部的脂多糖，使细菌发生通透性畸变而溶解死亡。臭氧杀菌，不残留有毒物质，对于公共场所、医院及厂矿企业净化室的消毒、杀菌及各种臭味的消除，可采用臭氧杀菌消毒去味。臭氧为高效、广谱、快速、无死角的杀菌剂，可移动，使用方便。臭氧灭菌一般用臭氧发生器（见图 2-32），可 2～3 d 打开臭氧发生器消毒 30 min。

图 2-32　臭氧发生器

四、作　业

将本次实验实训内容整理成实验实训报告。

思考与练习

1. 一个正规的植物组织培养实验室应具备哪些房间？
2. 植物组织培养常用的设备有哪些？各有何用途？
3. 为什么要对器皿和用具进行严格的洗涤和灭菌？

任务三　培养基的配制

一、培养基的成分

培养基是植物组织培养的重要基质，它是植物组织培养的物质基础，也是决定组织培养成功与否的关键因素之一。植物组织培养所需要的营养成分主要从培养基中获得，大部分培养基的成分主要包括水、无机盐、有机物、植物生长调节物质、凝固剂及其他添加物质。

（一）水

水是植物原生质体的组成部分，是生命活动中不可缺少的物质，培养基中的成分绝大部分是水。在配制母液时，为保持母液中营养物质的准确性，防止贮存过程中变质，一般采用蒸馏水或去离子水。在配制培养基时，用于研究筛选培养基配方时用蒸馏水或去离子水，大规模生产时，配制培养基可用自来水代替蒸馏水，以降低生产成本。

（二）无机盐

无机盐是指植物在生长发育时所需的各种矿质营养。它能够为培养物提供除 C、H、O 以外的一切必需元素。植物所需元素的浓度大于 0.5 mmol/L 称为大量元素，植物所需元素的浓度小于 0.5 mmol/L 称为微量元素。

1. 大量元素

大量元素主要有氮（N）、磷（P）、钾（K）、钙（Ca）、镁（Mg）、硫（S）等。

（1）氮。

氮是蛋白质的主要成分，参与各种生理代谢。在制备培养基时以硝态氮和铵态氮两种形式供应。氮素主要供给植物生长的营养，缺氮植物下部叶片变黄，愈伤组织不能形成导管。提供氮的物质有 KNO_3、NH_4NO_3、$(NH_4)_2SO_4$ 等。

（2）磷。

磷是磷脂的主要成分，而磷脂又是原生质、细胞核的重要组成部分。在植物组织培养过程中，向培养基内添加磷，不仅增加养分、提供能量，还能促进对氮的吸收，促进蛋白质、糖的合成，促进脂肪代谢，提高植株的抗逆性。常用的物质有 KH_2PO_4 或 NaH_2PO_4 等。缺磷或钾时细胞会过度生长，愈伤组织表现出极其疏松的状态。

（3）钾。

钾是植物体内多种酶的活化剂，能够促进糖类、蛋白质的合成，同时可促进光合作用，并且对胚的分化有促进作用。制备培养基时，常用的物质有 KCl、KNO_3 等。

（4）钙。

钙是构成细胞壁的组成成分，能够增强植物的抗病能力，是植物体内酶的组成成分和活化剂。同时，钙对细胞分裂、保护质膜不受破坏均有显著作用，常用的物质有 $CaCl_2 \cdot 2H_2O$。

（5）镁。

镁是叶绿素的组成成分，又是激酶的活化剂，能够促进蛋白质的合成。常用的物质有 $MgSO_4 \cdot 7H_2O$。

（6）硫。

硫是蛋白质、酶、硫胺素等的组成成分。常用的物质有 $MgSO_4 \cdot 7H_2O$、$(NH_4)SO_4$ 等。

2. 微量元素

微量元素包括铁（Fe）、锰（Mn）、硼（B）、锌（Zn）、铜（Cu）、钼（Mo）、钴（Co）等。它们的用量虽然少，但对植物细胞的生命活动却有着重要的作用，是植物组织培养中不可缺少的元素。

（1）铁。

铁是一些氧化酶、细胞色素氧化酶、过氧化氢酶等的组成成分，是叶绿素形成的必要条件。培养基中的铁对胚的形成、芽的分化和幼苗转绿均有促进作用。但铁不容易被植物直接吸收，且容易产生沉淀。因此，在制作培养基时不用 $Fe_2(SO_4)_3$ 和 $FeCl_3$（因其 pH 在 5.2 以上，易形成 $Fe(OH)_3$ 不溶性沉淀），而用 $FeSO_4 \cdot 7H_2O$ 和 Na_2-EDTA（乙二胺四乙酸钠）结合成螯合态铁使用。

（2）锰。

锰是维持叶绿素结构的必需元素，参与植物的氧化还原反应，同时是三羧酸循环中多种酶的催化剂，并影响根系的生长。常用的物质为 $MnSO_4 \cdot 4H_2O$。

（3）硼。

硼能够促进植物生殖器官的发育，并且与糖的运输、蛋白质的合成有关；缺硼叶片向上卷曲、失绿、细胞停止分裂。常用的物质为 H_3BO_3。

（4）锌。

锌是植物体内各种酶的组成成分，可促进植物体内生长素的合成。常用的物质为 $ZnSO_4 \cdot 7H_2O$。

（5）铜。

铜参与蛋白质的合成和固氮作用，同时能促进离体根的生长。常用的物质为 $CuSO_4 \cdot 5H_2O$。

（6）钼。

钼参与氮代谢和繁殖器官的形态建成，可促进光合作用。常用的物质为钼酸钠（$Na_2MoO_4 \cdot 2H_2O$）。

（7）钴。

钴是维生素 B_{12} 的组成成分，在豆科植物固氮中起重要作用。常用的物质为 $CoCl_2 \cdot 6H_2O$。

（三）有机物

1. 糖

糖是碳水化合物，为培养物生长发育提供碳源和能源，并维持培养基的渗透压。常用的糖有蔗糖、葡萄糖、果糖、麦芽糖、半乳糖、甘露糖和乳糖，其中最常用的是蔗糖。蔗糖使用浓度一般在 2%～5%，常用 3%，即配制 1 L 培养基需称取 30 g 蔗糖。生根培养时可降低蔗糖浓度，有利于提高试管苗的自养能力。由于蔗糖的价格较贵，在大规模生产时，可用食用的白砂糖来代替蔗糖。

2. 维生素

维生素在植物细胞里主要是以各种辅酶的形式参与多种代谢活动，对生长、分化等有很好的促进作用。正常的植物能够自己产生维生素来维持生命活动，立体培养的外植体在培养过程中能合成所必需的维生素，但合成数量上还明显不足，因此必须人为添加才能维持正常生长。常用的维生素如下：

（1）VB_1（盐酸硫胺素）：能够促进愈伤组织的产生，全面促进植物生长，是最重要的 B 族维生素。

（2）VB_6（盐酸吡哆醇）：可促进根系生长。

（3）VB_3（烟酸，又称维生素 PP）：与植物代谢和胚发育有一定的关系。

（4）V_C（抗坏血酸）：具有抗氧化的作用，作为抗氧化剂，在组织培养中可有效防止褐变的发生。

（5）VB_7（生物素，又称维生素 H）：是植物体内许多酶的辅助因子，在碳水化合物、脂类、蛋白质和核酸的代谢过程中发挥重要作用。

（6）VB_{11}（叶酸）：对蛋白质、核酸的合成及氨基酸代谢有重要作用。

3. 肌　醇

肌醇又称环己六醇，在糖类的相互转化中起重要作用。适当使用肌醇，能促进愈伤组织的生长、胚状体和芽的形成，对组织和细胞的繁殖、分化有促进作用，对细胞壁的形成也有作用，但肌醇用量过多易导致外植体褐变，一般使用浓度为 100 mg/L。

4. 氨基酸

氨基酸在组织培养中是很好的有机氮源，可直接被细胞吸收利用，促进蛋白质的合成，对芽、根、胚状体的生长和分化均有良好的促进作用。组织培养中常用的氨基酸有甘氨酸（Gly）、精氨酸（Arg）、谷氨酸（Glu）、谷氨酰胺（Gln）、天冬氨酸（Asp）、天冬酰胺（Asn）、丙氨酸（Ala）、丝氨酸（Ser）、半胱氨酸（Cys）及氨基酸的混合物，如水解乳蛋白（LH）和水解酪蛋白（CH）等。其中，甘氨酸能促进离体根的生长，对植物组织的生长具有良好的促进作用；丝氨酸和谷氨酰胺有利于花药胚状体或不定芽的分化；半胱氨酸具有延缓酚类物质氧化和防褐变的作用；水解乳蛋白和水解酪蛋白对胚状体、不定芽的分化有良好的作用。

5. 天然有机添加物

天然有机添加物含有一定的植物激素和各种维生素等复杂的成分，能促进细胞和组织的增殖与分化，促进愈伤组织和器官的生长。组织培养中常加入的天然有机添加物有椰乳（CM）、酵母提取液（YE）、马铃薯、香蕉汁、苹果汁、番茄汁等天然有机物。

（1）椰乳。

椰乳是椰子的液体胚乳，是使用最多、效果最大的一种天然复合物。它在愈伤组织和细胞培养中起明显的促进作用，一般使用浓度为 10% ~ 20%。

（2）香蕉汁。

香蕉汁是用黄熟的小香蕉，加入培养基后变为紫色，对 pH 的缓冲作用大，主要在兰花的组织培养中应用，对其发育有促进作用，一般用量为 150 ~ 200 mL/L。

（3）马铃薯。

马铃薯去掉皮和芽后，加水煮 30 min，再经过滤，取其滤液使用。马铃薯对 pH 缓冲作用也较大，添加后可使植株健壮，用量为 150 ~ 200 g/L。

（4）其他。

酵母提取液使用浓度为 0.01% ~ 0.05%，主要成分为氨基酸和维生素类；麦芽提取液使用浓度为 0.01% ~ 0.5%，主要成分为苹果和番茄的果汁、黄瓜的果实、未熟玉米的胚乳等。

（四）生长调节物质

生长调节物质是培养基中的关键性物质，它影响着植物细胞的分化、分裂、发育、形态建成、开花、结实、成熟、脱落、衰老和休眠以及萌发等许许多多的生理生化活动，用量虽然微小，但对植物组织培养起决定性作用。植物组织培养中常用的有生长素类和细胞分裂素类物质。

1. 生长素类

在组织培养中，生长素的主要作用是促进细胞伸长生长和分裂；诱导愈伤组织形成；促进生根，在与一定量的细胞分裂素配合使用下可诱导不定芽分化和侧芽的萌发与生长。植物组织培养过程中常用的生长素类物质主要包括吲哚乙酸（IAA）、吲哚丁酸（IBA）、萘乙酸（NAA）、2，4-二氯苯氧乙酸（2，4-D）。

NAA 和 IBA 广泛用于生根，NAA 是人工合成的，性质比较稳定，与 IBA 相比，NAA 诱导生根的能力比较弱，诱导的根少而粗，但在某些植物上诱导的效果好于 IBA；IAA 是天然存在的生长素，也可人工合成，其活力较低，对器官形成的副作用小；IBA 是天然合成的生长素，可被光分解和酶氧化，对根的诱导作用强烈，诱导的根多而长；2，4-D 是一种人工合成的生长素，在促进愈伤组织形成上启动能力比 IAA 高 10 倍，但对芽的形成和根的分化等方面效果不好。

2. 细胞分裂素类

细胞分裂素主要的生理功能包括促进细胞分裂和扩大、诱导芽的分化、促进侧芽萌发、抑制衰老和根的发育。细胞分裂素常与生长素配合使用，通常情况下，当生长素与细胞分裂素的比值大时，可促进根的形成；当生长素与细胞分裂素的比值小时，可促进芽的形成，组织培养中常用的细胞分裂素类物质有 6-苄基氨基嘌呤（6-BA）、激动素（KT）、玉米素（ZT）等。6-BA 和 KT 均是人工合成的，6-BA 的作用效果远远好于 KT，是应用最广泛的细胞分裂素；ZT 对芽的诱导效果很好，但性质不稳定，在高温下易分解。

3. 其他生长调节物质

赤霉素（GA）的主要作用是促进幼苗茎的伸长生长；对植物器官和胚状体的形成有抑制作用，但在器官形成后，添加赤霉素可促进器官或胚状体的生长，促进不定胚发育成小植株；同时，赤霉素和生长素协同作用，对形成层的分化有影响，当生长素与赤霉素的比值高时有利于木质部分化，比值低时有利于韧皮部分化。

脱落酸（ABA）对体细胞胚的发生发育具有促进作用，同时可使体细胞胚发育成熟而不萌发，对部分不定芽的分化具有促进作用。

多效唑（PP_{333}）具有控制矮化、促进分枝、生根、成花、延缓衰老、增强植物抗逆性的作用，在植物组织培养中主要用于试管苗的壮苗生根，提高抗逆性和移栽成活率。

（五）凝固剂

1. 琼　脂

琼脂（Agar）是从石菜花等海藻中提取的高分子碳水化合物，本身并不提供任何营养，无毒、无气味，是制备固体培养基时一种很好的凝固剂，市场上出售的琼脂有琼脂条和琼脂粉，琼脂条价格相对便宜，用量较多，煮化的时间较长；琼脂粉纯度较高，凝固力强，煮化时间短，但价格较贵。

琼脂不溶于冷水，缓溶于热水，琼脂在 90 ℃ 左右融化，40 ℃ 左右凝固。其用量一般为 6～10 g/L，若浓度太高，培养基就会变得很硬，营养物质难以扩散到培养的组织中去，培养材料不能很好地吸收培养基中的养分；若浓度过低，凝固性不好，培养材料在培养基中下沉，造成通气不良而死亡。琼脂的凝固能力除与原料、厂家的加工方式有关外，还与高压灭菌时的温度、时间、pH 等因素有关，长时间的高温会使其凝固力下降，过酸过碱加上高温会使琼脂发生水解，丧失凝固能力，过酸会使培养基不易凝固，过碱易使培养基变硬。

2. 卡拉胶

卡拉胶（Carrageenan）是从麒麟菜、石花菜、鹿角菜等红藻类海草中提炼出来的亲水性胶体。卡拉胶为白色或浅褐色颗粒或粉末，无臭或微臭，口感黏滑，溶于约 80 ℃ 的水，形成黏性、透明或轻微乳白色的易流动溶液，与 30 倍的水煮沸 10 min 后的溶液，冷却后即成胶体。在中性条件下，若卡拉胶在高温下长时间加热，也会水解，导致凝胶强度降低。与琼脂相比，卡拉胶做培养基透明度更高。

（六）其他添加物

1. 活性炭

活性炭为木炭粉碎经加工形成的粉末结构。在培养基中加入活性炭的目的是利用活性炭的吸附性减少一些有害物质的不利影响，有利于生根，对器官发育并无太大作用。同时，在培养基中加入活性炭，还可降低玻璃化苗的产生频率，对防止产生玻璃化苗有良好作用。但是活性炭的吸附作用没有选择性，既吸附有害物质，也吸附必需的营养物质。有研究显示，1 mg

的活性炭能吸附 100 mg 左右的生长调节物质，这说明只需要极少量的活性炭就可以完全吸附培养基中的生长调节物质。另外，培养基中加入活性炭后经过高压灭菌，培养基的 pH 会降低，使琼脂不易凝固，因此要多加一些琼脂。

2.抗氧化物质

在植物组织培养过程中，植物组织会分泌一些酚类物质，接触空气中的氧气后自动氧化或由酶类催化氧化为相应的醌类，这些物质渗出细胞外就造成自身中毒，使培养的材料生长停止，失去分化能力，最终褐变死亡，在木本，尤其是热带木本及少数草本植物中较为严重。

针对容易发生褐变的培养物，在培养过程中添加抗酚类氧化物质可以减轻褐变，常用的药剂有半胱氨酸、抗坏血酸、聚乙烯吡咯烷酮（PVP）、二硫苏糖醇、谷胱甘肽及二乙基二硫氨基甲酸酯等，一般用量为 5～20 mg/L。具体使用方法：可以用溶液洗涤刚切割的外植体伤口表面，或过滤灭菌后加入固体培养基的表层。

（七）培养基的 pH

培养基的 pH 因培养材料的不同而异，大多数植物要求 pH 为 5.6～5.8，培养基的 pH 经高温高压灭菌后会下降（蔗糖的分解会使培养基变酸，一般可降低 0.2 左右），因此调整后的pH 应高于目标 pH。同时 pH 的大小会影响琼脂的凝固能力，一般 pH＞6.0 时培养基会变硬，pH＜5.0 时琼脂不能很好凝固，培养基酸碱性的调节常用 0.1 mol/L 的 HCl 和 0.1 mol/L 的 NaOH来调节，调节过程中要逐渐添加，避免一次大量加入。

二、培养基的种类及特点

（一）培养基的种类

培养基的分类方法有很多种，根据不同的植物和培养部位及不同的培养目的需选用不同的培养基。

（1）根据营养水平不同分为基本培养基和完全培养基。

基本培养基是指只含无机盐、有机物、维生素、肌醇、氨基酸等营养成分的培养基，就是通常所说的 MS、White、B_5、N_6 等培养基。

完全培养基是由基本培养基中添加适宜的植物生长调节物质、有机附加物、凝固剂等组成的可直接用于组织培养的培养基。

（2）根据培养基的物理状态分为固体培养基和液体培养基。

固体培养基是指添加了琼脂或卡拉胶的固体型培养基；液体培养基则是指未添加凝固剂的液态型培养基。

（3）根据培养的阶段分为初代培养基和继代培养基。

初代培养基是指用于外植体的第一次接种培养的培养基；继代培养基则指用于培养初代培养物以后的培养基。

（4）根据培养的目的分为诱导培养基、增殖培养基、壮苗培养基和生根培养基。

诱导培养基是指用于诱导愈伤组织形成和器官分化尤其是芽形态发生的培养基；增殖培养基是指用于愈伤组织或芽的增殖的培养基，附加成分与分化培养基在量上有一定差异，但在质上差异不大；壮苗培养基是指用于壮苗培养（在继代培养过程中，增殖的芽往往会出现生长势减弱，不定芽短小、细弱，无法进行生根培养的现象，即使能够生根，移栽成活率也不高，必须经过壮苗培养）的培养基；生根培养基是指用于诱导外植体生根的培养基，通常不加激素或加少量的生长素。

（二）几种常用培养基的配方

几种常用培养基的配方如表 2-1 所示。

表 2-1　几种常用培养基的配方　　　　　　　　mg/L

化合物名称	培养基							
	MS	White	B$_5$	N$_6$	Nitsch	Miller	SH	Heller
NH$_4$NO$_3$	1 650				720			
KNO$_3$	1 900	80	2 527.5	2 830	950	1 000	2 500	
(NH$_4$)$_2$SO$_4$			134	463				
NaNO$_3$								600
KCl		65				65		750
CaCl$_2$·2H$_2$O	440		150	166	166		200	75
Ca(NO$_3$)$_2$·4H$_2$O		300				347		
MgSO$_4$·7H$_2$O	370	720	246.5	185	185	35	400	250
K$_2$SO$_4$								
Na$_2$SO$_4$		200						
KH$_2$PO$_4$	170			400	68	300		
K$_2$HPO$_4$							300	
NaH$_2$PO$_4$		16.5	150					
FeSO$_4$·7H$_2$O	27.8			27.8	27.85		15	
Na$_2$-EDTA	37.3			37.3	37.75		20	
Na-Fe-EDTA			28			32		
FeCl$_3$·6H$_2$O								1
Fe$_2$(SO$_4$)$_3$		2.5						
MnSO$_4$·H$_2$O								
MnSO$_4$·4H$_2$O	22.3	7	10	4.4	25	4.4		0.01
ZnSO$_4$·7H$_2$O	8.6	3	2	1.5	10	1.5		1
Zn（螯合体）							10	
NiCl$_2$·6H$_2$O							1.0	
CoCl$_2$·6H$_2$O	0.025		0.025		0.025			
CuSO$_4$·5H$_2$O	0.025		0.025					0.03
AlCl$_3$								0.03
MoO$_3$					0.25			
TiO$_2$						0.8	1.0	
Na$_2$MoO$_4$·2H$_2$O	0.25		0.25					
KI	0.83	0.75	0.75	0.8	10	1.6	5.0	0.01
H$_3$BO$_3$	6.2	1.5	3	1.6				1

续表

化合物名称	培养基							
	MS	White	B_5	N_6	Nitsch	Miller	SH	Heller
$NaH_2PO_4 \cdot H_2O$								125
烟酸（V_{pp}）	0.5	0.5	1	0.5			5.0	
盐酸吡哆醇（VB_6）	0.5	0.1	1	0.5				
盐酸吡哆素							5.0	1.0
盐酸硫胺素（VB_1）	0.1	0.1	10	1			0.5	
肌醇	100		100		100		100	
甘氨酸	2	3		2				

（三）常用基本培养基的特点

1. MS 培养基

MS 培养基是 1962 年由 Murashige 和 Skoog 为培养烟草细胞而设计的。其特点是无机盐浓度较高，钾盐、铵盐、硝酸盐含量较其他培养基高，营养丰富，其养分的数量和比例较合适，不需要添加更多的附加物，可满足植物组织生长的需要，具有加速培养物生长的作用，是目前应用最广泛的一种培养基。

2. White 培养基

White 培养基是 1943 年由 White 为培养番茄根尖而设计的。其特点是无机盐离子浓度较低，适于生根培养。

3. B_5 培养基

B_5 培养基是 1968 年由 Gamborg 等为培养大豆根细胞而设计的。其主要特点是钾盐和盐酸硫胺素含量高，铵盐含量较低，这可能对不少培养物的生长有抑制作用。双子叶植物特别是木本植物在 B_5 培养基上生长更好。

4. N_6 培养基

N_6 培养基是 1974 年朱至清等为水稻等禾谷类作物花药培养而设计的。其特点是成分较简单，KNO_3 和 $(NH_4)_2SO_4$ 含量高，在国内已广泛应用于小麦、水稻及其他植物的花药培养和其他组织培养。

【知识拓展】

朱至清（1939—），男，中国科学院植物研究所研究员，为中国科学院植物研究所学术委员会委员、中国科学院生物技术委员会委员、植物学报编委。其主要研究领域是植物细胞培养与生物技术，在禾谷类花药培养、体细胞无性系变异和基因工程上发表论文 50 余篇，是我国植物生物技术学术带头人。1978 年主持植物单倍体育种、1982 年主持花药培养及其应用、1992 年主持禾谷类高效培养基、1993 年主持禾谷类高效细胞培养基等重大课题。

5. Nitsh 培养基

Nitsh 培养基是 1951 年由 Nitsh 设计的。其特点是大量元素含量低，微量元素种类少，氮含量高，主要用于花药培养。

6. Miller 培养基

Miller 培养基是 1963 年由 Miller 设计的。其特点是无机元素比 MS 培养基量减少 1/3 ~ 1/2，微量元素种类减少，无肌醇，主要用于花药培养。

7. KM-8P 培养基

KM-8P 培养基是 1975 年由 Kao 等为原生质体培养而设计的。其特点是有机成分较复杂，它包括了所有的单糖和维生素，广泛用于原生质融合的培养。

8. VW 培养基

VW 培养基是 1949 年由 Vacin 和 Went 为气生兰组织培养而设计的。其特点是总的离子强度稍低，磷以磷酸钙形式供给，要先用 1 mol/L HCl 溶解后再加入混合溶液中。

实验实训三　MS 培养基母液的配制与保存

一、实验实训原理

植物组织培养中培养基的配制是最基础的工作，培养基中有十几种化学物质，配制起来很不方便，微量元素和植物激素用量很少，每次配制培养基都要称量，不仅费时费工，而且也不准确。因此培养基制备之前，为了使用方便和用量准确，常常将大量元素、微量元素、铁盐、有机物类、激素类分别配制成比培养基配方需要量大若干倍的母液（即浓度较高的储备液）。当制备培养基时，只需要按预先计算好的量吸取母液即可。根据营养元素的类别和化学性质，母液一般可分别配成大量元素母液、微量元素母液、铁盐母液、有机物母液和生长调节物质母液。

二、实验实训目的

能够根据配方准确计算各种药品的称取量，掌握 MS 培养基母液、生长调节物质母液的配制与保存技术。

三、实验实训材料与用品

MS 培养基配方中所需各种药品、NAA、6-BA、IBA、1 mol/L 的 NaOH、1 mol/L 的 HCl、95%酒精、蒸馏水、电子天平（精确度为 0.01 g、0.001 g、0.000 1 g）、烧杯、玻璃棒、磁力搅拌器、量筒、容量瓶、贮液瓶（棕色、无色）、标签、冰箱等。

四、实验实训步骤

（一）大量元素母液的配制与保存

大量元素母液是指 N、P、K、Ca、Mg、S 等大量元素的混合液。一般配制成 10 倍或 20 倍的母液。配制时要防止沉淀，各种药品要分别称量、分别溶解，充分溶解后再混合。混合时若 Ca^{2+} 和 SO_4^{2-}，Ca^{2+}、Mg^{2+} 和 PO_4^{3-} 一起溶解后，会产生硫酸钙或磷酸钙沉淀，因此不能配在一起作母液贮存，应分别配制和保存。

1. 计　算

确定 MS 培养基，一般大量元素母液扩大 10 倍或 20 倍，配制的升数根据用量和现有容量瓶的体积，一般为 1 L，计算出各种药品的称取量，列于表中，如表 2-2 所示。

表 2-2　MS 培养基母液配制表　　　　　　配制日期：

MS 母液名称	化合物名称	培养基用量/（mg/L）	扩大倍数	母液体积/mL	称取量/mg
大量元素母液	KNO_3	1 900			
	NH_4NO_3	1 650			
	$MgSO_4 \cdot 7H_2O$	370			
	KH_2PO_4	170			
	$CaCl_2 \cdot 2H_2O$	440			

2. 称　量

选择相应的药品按顺序排好，大量元素的称量用精确度为 0.01 g 的天平，称量时用硫酸纸避免药品沾到纸上影响准确性；钥匙要专药专用，避免混用；称量的量快到时，要轻轻拍打手臂，以防止称量过量；称好的药品要做好记号，以防止漏称或重复。

3. 溶　解

在烧杯中加入母液配制体积的 60%～70% 的蒸馏水和去离子水，将称量好的药品按顺序加入，当一种药品完全溶解后再加入另外一种，直至该母液的所有药品全部溶解。在溶解的过程中对于难溶的药品可以加热溶解，加热的温度为 60～70 ℃ 为宜；大量元素配制时后加钙，否则易出现沉淀。

4. 定　容

将完全溶解后的溶液倒入相应的容量瓶中，用蒸馏水或去离子水冲洗烧杯 3～4 次，将洗液完全移入容量瓶内，加水定容至刻度线，摇匀。

5. 标　记

将配制好的母液倒入贮液瓶中，铁盐母液要用棕色瓶保存。瓶上贴好标签，注明培养基名称、母液号、扩大倍数与配制日期。

6. 保　存

将母液瓶储放在 4 ℃ 左右的冰箱中保存，定期检查有无沉淀生成，如出现沉淀，应重新配制。

（二）微量元素母液的配制与保存

1. 计　算

微量元素母液是指含除 Fe 以外的 Mn、B、Zn、Cu、Mo、Co 等微量元素的混合液。微量元素母液一般配制成 100 倍或 200 倍的母液。各种药品要分别称量、溶解，然后再混合，如表 2-3 所示。

表 2-3　MS 培养基母液配制表　　　　　配制日期：

MS 母液名称	化合物名称	培养基用量/（mg/L）	扩大倍数	母液体积/mL	称取量/mg
微量元素母液	MnSO$_4$·4H$_2$O	22.3			
	ZnSO$_4$·7H$_2$O	8.6			
	H$_3$BO$_3$	6.2			
	KI	0.83			
	Na$_2$MoO$_4$·2H$_2$O	0.25			
	CuSO$_4$·5H$_2$O	0.025			
	CoCl$_2$·6H$_2$O	0.025			

2. 称　量

选择相应的药品按顺序排好，根据药品的称量选择适当的天平，微量元素称量用 0.000 1 g 的天平。

3. 溶　解

在烧杯中加入母液配制体积的 60% ~ 70% 的蒸馏水和去离子水，将称量好的药品按顺序加入，当一种药品完全溶解后再加入另外一种，直至该母液的所有药品全部溶解。

4. 定　容

将完全溶解后的溶液倒入相应的容量瓶中，用蒸馏水或去离子水冲洗烧杯 3 ~ 4 次，将洗液完全移入容量瓶内，加水定容至刻度线，摇匀。

5. 标　记

将配制好的母液倒入贮液瓶中，铁盐母液要用棕色瓶保存。瓶上贴好标签，注明培养基名称、母液号、扩大倍数与配制日期。

6. 保　存

将母液瓶储放在 4 ℃ 左右的冰箱中保存，定期检查有无沉淀产生，如出现沉淀需重新配制。

（三）铁盐母液的配制与保存

1. 计　算

由于 Fe^{2+} 在水溶液中不稳定，容易与 OH^- 或其他离子结合而发生沉淀，需单独配制。一般用 $FeSO_4 \cdot 7H_2O$ 和 $Na_2\text{-EDTA}$ 配制成铁盐螯合剂比较稳定。一般配制成 100 倍或 200 倍的母液，配制 1 L，计算出各种药品的称取量，列于表中，如表 2-4 所示。

表 2-4　MS 培养基母液配制表　　　　配制日期：

MS 母液名称	化合物名称	培养基用量/（mg/L）	扩大倍数	母液体积/mL	称取量/mg
铁盐母液	$Na_2\text{-EDTA}$	37.3			
	$FeSO_4 \cdot 7H_2O$	27.8			

2. 称　量

铁盐称量用精确度为 0.01 g 的天平。

3. 溶　解

先用少量蒸馏水分别将 $Na_2\text{-EDTA}$ 加热熔解，然后倒入 $FeSO_4 \cdot 7H_2O$ 溶液中充分搅拌并加热 5～10 min。

4. 定　容

将完全溶解后的溶液倒入相应的容量瓶中，用蒸馏水或去离子水冲洗烧杯 3～4 次，将洗液完全移入容量瓶内，加水定容至刻度线，摇匀。

5. 标　记

将配制好的母液倒入贮液瓶中，铁盐母液要用棕色瓶保存。瓶上贴好标签，注明培养基名称、母液号、扩大倍数与配制日期。

6. 保　存

将母液瓶储放在 4 ℃ 左右的冰箱中保存，定期检查有无沉淀产生，如出现沉淀需重新配制。

（四）有机物母液的配制与保存

1. 计　算

有机物母液主要是维生素和氨基酸类物质，一般配制成 100 倍或 200 倍的母液，配制 1 L，计算出各种药品的称取量，列于表中，如表 2-5 所示。

2. 称　量

有机物的称量用 0.000 1 g 的天平。称量时用硫酸纸，避免药品沾到纸上影响准确性。

3. 溶　解

在烧杯中加入母液配制体积的 60%～70%的蒸馏水和去离子水，将称量好的药品按顺序加入，当一种药品完全溶解后再加入另外一种，直至该母液的所有药品全部溶解。

表 2-5　MS 培养基母液配制表　　　　　配制日期：

MS 母液名称	化合物名称	培养基用量/（mg/L）	扩大倍数	母液体积/mL	称取量/mg
有机物母液	甘氨酸	2.0			
	VB$_1$	0.1			
	VB$_6$	0.5			
	烟酸	0.5			
	肌醇	100			

4. 定　容

将完全溶解后的溶液倒入相应的容量瓶中，用蒸馏水或去离子水冲洗烧杯 3～4 次，将洗液完全移入容量瓶内，加水定容至刻度线，摇匀。

5. 标　记

将配制好的母液倒入贮液瓶中，铁盐母液要用棕色瓶保存。瓶上贴好标签，注明培养基名称、母液号、扩大倍数与配制日期。

6. 保　存

将母液瓶储放在 4 ℃ 左右的冰箱中保存，定期检查有无沉淀产生，如出现沉淀需重新配制。

（五）生长调节物质母液的配制

每种生长调节物质必须单独配成母液，浓度一般配成 0.1～1.0 mg/mL，用时根据需要取用。因为生长调节物质用量较少，一次可配成 50 mL 或 100 mL。

1. 计　算

确定各种生长调节物质的配制浓度和配制体积数，计算生长调节物质的称取量，如表 2-6 所示。

表 2-6　生长调节物质母液配制表　　　　　配制日期：

母液名称	药品	溶解用的物质	母液浓度/（mg/mL）	配制的母液体积/mL	称取量/mg
NAA 母液	NAA				
IBA 母液	IBA				
6-BA 母液	6-BA				
2，4-D 母液	2，4-D				

2. 称　量

选择相应的药品，根据药品的用量选择适当的天平称量，其他同 MS 母液配制。

3. 溶　解

多数生长调节物质不溶于水或难溶于水，要先用适当的溶剂溶解，一般 IAA、IBA、GA$_3$、

ZT、ABA 等先溶于少量的 95% 的酒精中，再加水定容；NAA 可先溶于热水或少量 95%的酒精中，再加水定容；2，4-D 可用少量 1 mol/L NaOH 溶解后，再加水定容；KT 和 6-BA 先溶于少量 1 mol/L 的 HCl 中，再加水定容。

4. 定　容

将完全溶解后的溶液倒入相应的容量瓶中，用蒸馏水或去离子水冲洗烧杯 3 ~ 4 次，将洗液完全移入容量瓶内，加水定容至刻度线，摇匀。

5. 标　记

将配制好的母液倒入贮液瓶中，铁盐母液要用棕色瓶保存。瓶上贴好标签，注明母液名称、扩大倍数与配制日期。

6. 保　存

将母液瓶储放在 4 ℃ 左右的冰箱中保存，定期检查有无沉淀产生，如出现沉淀需重新配制。

【知识拓展】

母液的配制方法不仅可以按照元素含量、性质来配制，也可以把同类盐配制成一种母液，这种方法配制的母液在常温下可储存，不必放入冰箱中，如表 2-7 所示。

表 2-7　MS 培养基配制表　　　　　配制日期：

MS 母液名称	化合物名称	培养基用量/（mg/L）	扩大倍数	母液体积/mL	称取量/mg
母液 1	KNO_3 NH_4NO_3	1 900 1 650	50 倍		
母液 2	$MgSO_4 \cdot 7H_2O$ $MnSO_4 \cdot 4H_2O$ $ZnSO_4 \cdot 7H_2O$ $CuSO_4 \cdot 5H_2O$	370 22.3 8.6 0.025	100 倍		
母液 3	KI $CoCl_2 \cdot 6H_2O$ $CaCl_2 \cdot 2H_2O$	0.83 0.025 440	100 倍		
母液 4	Na_2-EDTA $FeSO_4 \cdot 7H_2O$	37.3 27.8	100 倍		
母液 5	H_3BO_3 $Na_2MoO_4 \cdot 2H_2O$ KH_2PO_4	6.2 0.25 170	100 倍		
母液 6	甘氨酸 VB_1 VB_6 烟酸 肌醇	2.0 0.1 0.5 0.5 100	100 倍		

实验实训四　MS固体培养基的配制、分装与保存

一、实验实训目的

能准确计算母液、蔗糖、琼脂的用量，并掌握 MS 固体培养基的配制与灭菌技术。

二、实验实训材料与用品

MS 培养基的各种母液、生长调节物质母液、琼脂、蔗糖、天平、蒸馏水、移液枪、量筒、定容瓶、电炉或电磁炉、酸度计或 pH 试纸、0.1 mol/L 的 NaOH、0.1 mol/L 的 HCl、培养瓶、标签、笔等。

三、实验实训步骤

（一）培养基的配制

1. 计　算

计算各种母液的用量（按配制 1 000 mL MS 培养基计算）。

根据配方计算母液用量，以此配方为例：1 L MS+NAA0.5 mg/L +6-BA 2 mg/L +3%蔗糖+0.7%琼脂，pH=5.8，并将 MS 母液、生长调节物质母液放大倍数，蔗糖、琼脂用量浓度以及培养基配制的体积数填入表 2-8 中。

$$母液用量（mL）=\frac{配制培养基体积（mL）}{母液浓缩倍数}$$

$$生长调节物质母液用量=\frac{培养基配方浓度}{生长调节剂母液浓度}×培养基配制体积$$

$$蔗糖、琼脂称取量=百分比浓度×培养基配制体积$$

将计算得到的量填入表 2-8 中。

表 2-8　MS 固体培养基配制表

配制人：＿＿＿＿＿＿＿＿＿＿＿＿＿＿＿＿＿＿　配制时间：＿＿＿＿＿＿＿＿＿＿＿＿＿＿＿＿＿＿＿＿

培养基母液名称	母液扩大倍数（浓度）	配制的体积数/L	本次需要量
大量元素母液			
铁盐母液			
微量元素母液			
有机物母液			
蔗糖			
琼脂			
细胞分裂素			
生长素			

2. 量 取

在烧杯中加培养基体积 30% 的蒸馏水，分别移取母液加入烧杯中，用天平分别称量蔗糖和琼脂。

3. 定 容

将称量好的蔗糖倒入母液中搅拌，使其完全溶解，移入容量瓶内，并淋洗烧杯 2 次，同样移入容量瓶，定容。

4. 熬 制

将定容的溶液倒入锅内，留少部分溶液润湿琼脂，淋洗 2 次倒入锅内，熬制，直至琼脂完全溶解；也可不用熬制，定容后调节 pH，直接分装，利用高压灭菌的温度溶解琼脂，但在分装时，一定注意琼脂要分装均匀，以免部分培养基硬或部分培养基不凝固。

5. 调节 pH

用 0.1 mol/L 的 NaOH 或 0.1 mol/L 的 HCl 调节 pH，将其调节至 6.0。

6. 分装与封口

将配好的培养基尽快分装到培养瓶中，分装时要掌握好培养基的量。培养基分装时，一般占试管、三角瓶等培养容器的 1/5 ~ 1/3 为宜；若为塑料瓶，则培养基的厚度一般以 2 cm 厚为宜。分装时要注意不要将培养基溅到瓶口，以免引起污染，分装后的培养基应尽快盖上盖子封口。

分装后应立即灭菌，若不及时灭菌应保存在冰箱中，24 h 内完成灭菌工作。

（二）灭 菌

培养基中含有大量的有机物，特别是含糖量较高，是各种微生物滋生、繁殖的理想场所。分装好的培养基要及时灭菌，不然很快便滋生霉菌，影响培养效果。而接种材料需在无菌的条件下培养很长时间，如果培养基被微生物所污染便达不到培养的预期结果。因此，培养基的灭菌是植物组织培养中十分重要的环节。培养基灭菌的方法有多种，主要用高压蒸汽灭菌法，具体方法如下：

（1）打开锅盖，加水至水位线，维持高水位线的灯是亮的。

（2）把已装好培养基的培养瓶放入锅筒内，同时还可将需要灭菌的接种工具、包扎好的细菌过滤器、包好的滤纸（制作无菌滤纸）、罐装好的蒸馏水（制作无菌水，不超过容器体积的 2/3）等放入灭菌锅内。

（3）然后盖上锅盖，对角旋紧螺丝，时间调至规定时间（如 25 min），接通电源加热。

（4）当压力升至 0.05 MPa 时，关闭电源，打开放气阀放气；当压力回到“0”时，关闭放气阀，灭菌培养基时需放 2 次冷气；当气压上升到 0.105 MPa 时，温度在 121 ℃，开始计时，保持灭菌规定时间（25 min），25 min 后关闭电源，缓缓打开放气阀。

（5）当压力降至“0”时，打开锅盖，取出培养基和灭菌物品，培养基放于平台上冷凝。如没有熬制的培养基，在取出时应轻轻晃动培养瓶，使琼脂混合均匀。

（三）培养基的保存

灭菌好的培养基放置在干净、整洁无污染的地方保存，配制好的培养基应尽快使用，一般培养基的使用不超过 2 周。

【知识拓展】

（1）生长调节物质遇热不稳定，应使用过滤灭菌法，不应进行高压灭菌；（2）培养基灭菌后，需在培养室内预培养 3 d，若无污染，证明培养基可用，最好在 2 周内用完，最长不超过 1 个月，含吲哚乙酸或赤霉素的培养基 1 周内用完，暂时不用的放置在 10 ℃或 4~5 ℃的冰箱内保存。

四、作　业

将本次实验实训内容整理成实验实训报告。

任务四　外植体的选取及处理

一、外植体的选取原则

（一）选择优良的种质

无论是离体培养繁殖种苗，还是进行生物技术研究，培养材料的选择要从主要的植物入手，选取性状优良的种质或特殊的基因型。对材料的选择要有明确的目的、具有一定的代表性，以提高成功的概率，增加其实用价值。

（二）选择健壮的植株

组织培养用的材料，最好从生长健壮的无病虫的植株上，选取发育正常的器官或组织。因为这些器官或组织代谢旺盛，再生能力强，培养后比较容易成功。

（三）选择最适的时期

组织培养选择材料时，要注意植物的生长季节和植物的生长发育阶段。如快速繁殖时应在植株生长的最适时期取材，这样不仅成活率高，而且生长速度快，增殖率高；花药培养应在花粉发育到单核期时取材，这时比较容易形成愈伤组织。

（四）选择适宜的大小

建立无菌材料时，取材的大小根据不同植物材料而异。材料太大，容易污染，也没必要；材料太小，多形成愈伤组织，甚至难于成活。一般选取培养材料的大小为 0.5~1.0 cm。如果是胚胎培养或脱毒材料的培养，则应更小。

二、外植体的处理

外植体的消毒处理是组培成功与否的第一关键步骤。外植体的处理主要包括以下两个方面。

（一）外植体的预处理

对外植体进行修整，去掉不要的部分，在流水下冲洗干净。

（二）外植体的表面灭菌

其原则是充分灭菌，但不伤外植体；不同的外植体，灭菌的要求也不一样。

1．花药的灭菌

用于组织培养的花药，按小孢子发育时期要求，实际上大多没有成熟，花药外面有萼片、花瓣或颖片、稃片包裹着，通常处于无菌状态。所以一般用 70% 的酒精对整个花蕾或幼穗浸泡数秒，用无菌水清洗 2 ~ 3 次，然后将整个花蕾浸泡在饱和漂白粉清液中 10 min，或用 2.0% 的次氯酸钠消毒 10 min，或用 0.1% 的氯化汞处理 5 ~ 10 min，处理后用无菌水清洗 3 ~ 5 次，然后剥取组织接种。

2．果实及种子的灭菌

果实及种子的灭菌根据果皮或种皮的软硬结实程度及干净程度而异。对于果实，一般用 2% 的次氯酸钠溶液浸泡 10 min，用无菌水冲洗 2 ~ 3 次，然后解剖内部的种子或组织接种；种皮较厚且坚硬的种子，通常用 10% 的次氯酸钙或 0.1% ~ 0.2% 的氯化汞浸泡 20 ~ 30 min 或数小时，或者常规消毒后无菌水浸泡 30 min 至数小时。另外也可以用砂布打磨、温水或开水浸煮 5 min 左右以软化种皮；进行胚或胚乳培养时，可去掉坚硬的种皮后进行常规消毒。

3．茎尖、茎段、叶柄及叶片的灭菌

灭菌方法与花药的灭菌方法相同。对于茎叶，因为暴露在空中，且生有毛或刺等附属物，所以灭菌前洗涤至关重要，尤其是多年生木本材料，要用洗衣粉、肥皂水等进行洗涤，然后用自来水长时间流水冲洗 0.5 ~ 2 h，之后用吸水纸将水吸干，再用 70% 的酒精漂洗。然后根据材料的老、嫩和枝条的坚硬程度，用 1.0% ~ 10% 的次氯酸钠溶液浸泡 6 ~ 15 min，或用 0.1% 的氯化汞消毒 5 ~ 15 min，用无菌水冲洗 3 ~ 5 次，用无菌纸吸干后进行接种。

4．根和贮藏器官的灭菌

这类材料大多埋于土中，材料上常有损伤及带有泥土，灭菌比较困难。灭菌前，要用自来水冲洗，并用毛刷或毛笔将表面凹凸不平处及芽鳞或苞片处刷洗干净，再用刀切去损伤或难以清洗干净的部位，用吸水纸吸干后用 70% 的酒精漂洗一下，再用 0.1% ~ 0.2% 的氯化汞浸泡 5 ~ 10 min，或用 2% ~ 8% 的次氯酸钠溶液浸泡 5 ~ 15 min，接着用无菌水清洗 3 ~ 5 次，用无菌滤纸吸干水分，进一步切削与消毒液直接接触的外部组织，然后接种。在消毒过程中，进行抽气减压，有助于消毒剂渗入，可使外植体彻底消毒。

实验实训五　外植体的选取与处理

一、实验实训目的

学会外植体的选择和处理方法，掌握选择表面灭菌剂的要求，熟练掌握外植体的灭菌方法。

二、实验实训原理

接种用的材料表面，常常附有多种多样的微生物，这些微生物一旦带进培养基，就会迅速滋生，使实验前功尽弃。因此，材料在接种前必须进行灭菌。灭菌时，既要将材料上附着的微生物杀死，同时又不能伤及材料。

经常使用的灭菌剂有酒精（70%～75%）、次氯酸钠、过氧化氢、漂白粉、溴水和低浓度的氯化汞等。使用这些灭菌剂，都能起到表面杀菌的作用。但氯化汞灭菌后，汞离子在材料上不易去掉，必须将材料用无菌水清洗多次。

消毒剂的种类不同，消毒灭菌的效果也不同。因此，选择消毒剂，既要考虑具有良好的消毒、灭菌作用，又要使用易被蒸馏水冲洗干净或能自行分解的物质。使用时需要考虑使用浓度和处理时间。

三、实验实训仪器、用具及试剂

（一）实验实训仪器、器皿及用具

接种工具、无菌杯、烧杯、外植体材料、培养皿、培养基、脱脂棉、手推车、剪刀、镊子、洗衣粉、毛笔、工作服、拖鞋、记号笔、香皂。

（二）试剂

70%的酒精、2.0%的次氯酸钠、10%的次氯酸钙、0.1%的氯化汞、无菌水。

四、实验实训步骤

（一）外植体的采集

春夏季节，选择健壮、无病虫害症状的外植体，取材部位最好是幼龄植株的幼嫩部位。

（二）外植体的预处理

去掉外植体不用的部位，剩余部分按培养要求剪成大小合适的材料。将材料刷洗干净，置于流水下冲洗 6～24 h（因材料种类不同而定）。

（三）外植体的灭菌

在超净工作台上进行，把培养材料放进 70%的酒精中浸泡约 30 s，再在 0.1%的氯化汞中浸泡 10 min，或在 10%的漂白粉清液中浸泡 10～15 min，浸泡时可进行搅动，使植物材料与灭菌剂有良好的接触，然后用无菌水冲洗 3～5 次。

花药的灭菌，果实及种子的灭菌，茎尖、茎段、叶柄及叶片的灭菌，根和贮藏器官的消毒参见本项目中任务四的相关内容。

【知识拓展】

外植体进行消毒时的注意事项：

（1）表面消毒剂对植物组织是有害的，应正确选择消毒剂的浓度和处理时间，以减少组织的死亡；

（2）在表面消毒后，必须用无菌水漂洗材料 3 次以上以除去残留杀菌剂，但若用酒精消毒，则不必漂洗；

（3）与消毒剂接触过的切面在转移到无菌基质前需将其切除，因为消毒剂会阻碍植物细胞对基质中营养物质的吸收；

（4）若外植体污染严重则应先用流水漂洗 1 h 以上或先用种子培养得到无菌种苗，然后用其相应部分进行组织培养；

（5）氯化汞消毒效果最好，但对人的危害最大，用后要用水冲洗材料至少 5 次，而且要对氯化汞进行回收。

植物组织培养中常用的消毒剂如表 2-9 所示。

表 2-9　植物组织培养中常用的消毒剂

消毒剂名称	使用浓度/%	消毒难易	灭菌时间/min	消毒效果
乙醇	70～75	易	0.1～3	好
氯化汞	0.1～0.2	较难	2～15	最好
漂白粉	饱和溶液	易	5～30	很好
次氯酸钙	9～10	易	5～30	很好
次氯酸钠	2	易	5～30	很好
过氧化氢	10～12	最易	5～15	好

如果培养材料大部分发生污染，说明消毒剂浸泡的时间短；若接种材料虽然没有污染，但材料已发黄，组织变软，表明消毒时间过长，组织被破坏死亡；接种材料若没有出现污染，且生长正常，即可认为消毒时间适宜。

五、作　业

将本次实验实训内容整理成实验实训报告。

思考与练习

1. 培养基的主要成分有哪些？各有何作用？
2. 说出至少 4 种常见培养基的名称，各有什么特点？

3. 培养基的母液如何进行保存？

4. 培养基的分装与灭菌各有哪些注意事项？

5. 培养基的母液分为哪几大类？

6. 如何对外植体材料进行消毒灭菌处理？

7. 对外植体材料进行消毒灭菌应注意哪些问题？

项目三　无菌操作（接种）技术

任务一　接　种

一、接种的概念

将经过严格表面灭菌处理的植物材料在无菌的条件下转放到培养基上的过程叫作接种。整个接种过程均需无菌操作，如图 3-1 所示。

图 3-1　学生接种

二、接种前的准备工作

接种前一般按照以下步骤进行：

（1）在接种 4 h 前用甲醛熏蒸接种室，并打开其紫外灯进行灭菌。

（2）在接种前 20 min，打开超净工作台的风机以及台上的紫外灯。

（3）接种员先洗净双手，在缓冲间换好专用实验服，并换穿拖鞋等。

（4）上工作台后，用酒精棉球擦拭双手，特别是指甲处，然后擦拭工作台面。

（5）先用酒精棉球擦拭接种工具，再将镊子和剪子从头至尾过一遍火，然后反复在尖端处过火，对培养皿要过火烤干。

（6）接种时，接种员双手不能离开工作台，不能说话、走动和咳嗽等，其原因是平静呼吸时细菌很少，而谈话或咳嗽时细菌便增多。

三、接　种

无菌操作按照以下步骤进行：

（1）将初步洗涤及切割的材料放入烧杯，带入超净工作台上，用消毒剂灭菌，再用无菌水冲洗，最后沥去水分，取出放置在灭过菌的 4 层纱布上或滤纸上。

（2）材料吸干后，一手拿镊子，一手拿剪子或解剖刀，对材料进行适当的切割。如叶片切成 0.5 cm 的方形小块；茎切成含有一个节的小段；微茎尖要剥成只含 1~2 片幼叶的茎尖大小等。在接种过程中要经常灼烧接种器械，以防止交叉污染。

（3）用灼烧消毒过的器械将切割好的外植体插植或放置到培养基上。具体操作过程是，先解开包口纸，将试管水平拿着，使试管口靠近酒精灯火焰，并将管口在火焰上方转动，使管口里外灼烧数秒钟。若用棉塞盖口，可先在管口外面灼烧，去掉棉塞，再烧管口里面。然后用镊子夹取一块切好的外植体送入试管内，轻轻插入培养基。若是叶片直接附在培养基上，以放1~3块为宜。至于材料放置方法除茎尖、茎段要正放（尖端向上）外，其他尚无统一要求。放置材料数量要少放，对外植体每次接种以一支试管放一枚组块为宜，这样可以节约培养基和人力，一旦培养物污染可以抛弃，接完种后，将管口在火焰上再灼烧数秒钟，并用棉塞塞好后，包上包口纸，包口纸里面也要过火。

（4）接种完毕后要清理干净工作台，可用紫外灯灭菌30 min。若连续接种，每隔5 d要大强度灭菌1次。

【知识拓展】

接种时既可采用横插法，也可采用竖插法。横插法是左手将培养瓶横放，然后右手用镊子将外植体接种至培养瓶内；竖插法则是将培养瓶放置在酒精灯附近不动，用右手直接将外植体接种至培养瓶内。

实验实训六　外植体的接种与培养

一、实验实训目的

通过在超净工作台上进行无菌操作训练，使学生初步掌握组织培养的无菌操作技术。

二、实验实训原理

植物组织培养要求严格的无菌条件和无菌操作技术。无菌操作是植物组织培养的关键技术，因为培养基含有丰富的营养物质，不仅适宜培养材料的生长发育，更适合微生物的滋生。一旦微生物接触到培养基，就会迅速生长和繁殖，不仅大量消耗营养物质，其繁殖过程中还会形成有毒有害物质直接危害植物组织，甚至直接利用和消耗植物材料，导致组织坏死直至失去培养价值。

三、实验实训材料与用具

（一）材　料

学生自行选取的外植体。

（二）实验仪器、器皿及用具

超净工作台、接种工具（主要是剪刀、镊子、解剖刀等）、植物材料（已灭过菌）、已配制好的培养基、酒精灯（或干热灭菌器）、酒精喷壶、天平、脱脂棉、记号笔、白大褂、工作帽、拖鞋等。

（三）试　剂

70%的酒精、95%的酒精、无菌水、2%的次氯酸钠。

四、实验实训操作步骤

（一）无菌操作前的准备工作

（1）培养室、无菌操作室的清扫和灭菌（参照实验实训二）。

（2）配制培养基（参照实验实训四）。

（3）培养基、接种工具等灭菌（参照实验实训二）。

（4）外植体的选取及消毒（参照实验实训五）。

（二）外植体的接种

（1）左手将培养瓶水平拿着，右手拿镊子夹一块植物材料（灭过菌的）送入瓶内，轻轻插入培养基上，再将瓶口置酒精灯火焰区烘烤数秒钟后，迅速盖上封口膜，绑好瓶口。每人要求接种5瓶。

（2）在培养瓶外标清培养基编号、培养材料、接种日期，送入培养室。

（3）接种结束后，清理和关闭超净工作台。

五、作　业

将本次实验实训内容整理成实验实训报告。

实验实训七　试管苗的转接

一、实验实训目的

掌握试管苗的茎段转接技术，进一步巩固无菌操作技能。

二、仪器及试剂

超净工作台及配套接种用具（无菌接种工具、酒精灯、酒精棉球、70%的酒精瓶、无菌培养皿、打火机等）。

三、试验材料

取培养大花蕙兰、马铃薯、铁皮石斛等试管苗，选择长势好、高度达5 cm以上的茎梢种苗或芽丛种苗。每个超净台配给2瓶种苗和事先做好的10瓶空白培养基。

四、实验实训操作步骤

（1）配制继代培养基并做好灭菌备用。

（2）接种前 4 h 对接种室进行熏蒸，每个超净台取 10 mL 左右的甲醛液装入瓶中，在超净台边加入 5 g 左右的高锰酸钾，立即放入超净台里；接种前 20～30 min 接通电源，打开紫外灯和风机。

（3）洗净双手，穿好专用实验服进入接种室，用酒精棉球擦拭双手、台面及接种工具等。

（4）将酒精灯放在距超净台边缘约 30 cm 正对胸前处，注意以后的操作都要在酒精灯的 10 cm 半径范围内完成。点燃酒精灯，对剪子和镊子过火，先从头至尾过火，然后对尖端反复过火；将种苗瓶放在灯前偏左处；将空白培养基瓶放在灯前偏右处；将接种用培养皿放在距超净台边缘约 15 cm 正对胸前处，以方便操作。

（5）打开原种瓶，对瓶口先外壁、后内壁过火。然后准备接种：先将种苗移到培养皿里。左手将培养瓶水平拿着，右手拿镊子夹一块分割好的大花蕙兰（马铃薯、铁皮石斛）材料送入瓶内，轻轻插入培养基上，再将瓶口置酒精灯火焰区烘烤数秒钟后，迅速盖上封口膜，绑好瓶口（每人接种 10 瓶）。操作期间应经常用 70% 的酒精擦拭（或喷雾）工作台和双手；接种器械应反复在 95% 的酒精中浸泡和在火焰（或干热灭菌器）上灭菌，以防止交叉污染。接好后，瓶口和封口膜均要过火，扎口。如果技能熟练的话，可用悬接法，用镊子夹住试管苗的顶端一节，拔出瓶口，剪断这一节，将茎段插入空白培养基中。对芽丛可提起一个芽丛的一个芽，用剪刀剪去其他部分，将单芽插入培养基里。

（6）接完一瓶原种后，可用酒精棉球擦拭双手，弃去含废弃物的培养皿，换用新的无菌培养皿，以防交叉感染。

（7）接完 10 瓶种苗后，写好标签，移出超净台，置于塑料筐里，再接下一批。

（8）接种完毕，熄灭酒精灯，盖上酒精瓶，收拾净超净台面，先把种苗瓶移出，然后将废物皿、空原种瓶、培养皿、接种工具等移出放到塑料筐里，带出接种室，清洗干净。

（9）接种后的培养物转移到培养室进行培养。3 d 后，经常检查污染情况，及时清除培养瓶。

五、作　业

（1）将本次实验实训内容整理成实验实训报告。

（2）观察并记录转接后植物的生长情况、污染率等。

实验实训八　植物组织培养整体方案设计

一、实验实训目的

通过前面项目的学习，通过查阅资料，选择合适的植物材料进行植物组织培养方案的设计，要求方案设计合理、可操作性强。

二、实验实训内容

（1）选择合适的植物材料：选择的植物材料要求必须具有一定的价值，而不是无用的材料如杂草等。

（2）根据选择的材料查阅相关资料，如在电子阅览室查阅中国知网上的相关文献等。

（3）根据所查阅资料的情况选择合适的培养基配方。

（4）以组为单位进行方案的整体设计。

三、实验实训具体要求

（1）选择的植物材料简单常见，后续可操作性强。

（2）要有完整的（包括植物培养的各个阶段）培养基和生长调节剂配方。

（3）各组所选择的植物材料将作为后续项目操作的内容。

四、作　业

上交合理的方案设计报告。

项目四　无菌操作后的工作

任务一　植物组织培养试管苗环境条件的调控

植物组织培养中，培养条件对愈伤组织的形成、器官的发生有较大的影响，主要有温度、光照、湿度、气体等各种环境条件。

一、试管苗温度的调控

温度是组织培养过程中的重要因素，温度不仅影响外植体的分化增殖以及器官的形态建成，还影响组培苗的生长和发育进程，外植体在最适宜温度下生长分化良好。大多数组织培养的温度均调控在 $24 \sim 28\ ℃$，一般来说，在此条件下都能形成芽和根。低于 $12\ ℃$ 时，不利于培养组织的生长分化，高于 $35\ ℃$ 时，对试管苗生长不利，很多生产企业采用了（25 ± 2）$℃$ 的恒温条件。但是，不同植物培养的适宜温度不同，百合的适宜温度是 $20\ ℃$、月季是 $25 \sim 27\ ℃$、番茄是 $28\ ℃$，烟草芽的形成以 $28\ ℃$ 为最好；菊芋在白天 $28\ ℃$、夜间 $15\ ℃$ 的变温条件下，对根的形成最好，百合鳞片在 $30\ ℃$ 下再生的小鳞茎的发叶速度和百分率都比在 $25\ ℃$ 下高。

二、试管苗光照的调控

光照也是组织培养中的重要条件之一，光照主要起诱导器官发生的作用。光照度、光质和光周期对试管苗的影响最大。不同种类的植物进行组织培养，其器官发生对光照的要求也不尽相同，如烟草、荷兰芹的器官发生不需要光照。

光照度对培养细胞的增殖和器官的分化有重要影响，从目前的研究情况看，光照度对外植体、细胞的最初分裂有明显影响。一般来说，光照度较强，幼苗生长的较粗壮；而光照度较弱，幼苗则容易徒长。

光质对愈伤组织诱导、培养组织的增殖以及器官的分化都有明显的影响。如百合珠芽在红光下培养 8 周后，分化出愈伤组织，但在蓝光下，十几周后才出现愈伤组织；而唐菖蒲子球块接种 15 d 后，在蓝光下培养首先出现芽，形成的幼苗生长旺盛，而白光下幼苗纤细；蓝光对烟草愈伤组织和苗的形成有促进作用，而红光和远红光则没有促进作用。光质对根的形成作用正好与芽的作用相反。

光照时间对植株器官的发生也有明显的影响。试管苗培养时要选用一定的光暗周期来进行组织培养，最常用的周期是 16 h 的光照，8 h 的黑暗。研究表明，对短日照敏感的品种的器官组织，在短日照下易分化，而在长日照下产生愈伤组织，有时需要暗培养，尤其是一些植物的愈伤组织在黑暗下比在光照下更好，如红花、乌桕树的愈伤组织。短日照敏感的葡萄茎段培育中，仅在短日照下形成根；而日照不敏感的品种，可在任何光周期下形成根，如长日照植物菊苣的根段能在长日照下诱导形成花芽。

三、试管苗湿度的调控

湿度对试管苗的影响包括培养容器的湿度和环境的湿度条件两个方面，培育容器主要受培养基水分含量和封口材料的影响。

培育容器内的湿度一般较大，通常情况下可达到 100%，随着培养时间的延长，湿度逐渐降低，培养容器内的湿度主要受琼脂含量和封口材料的影响，环境湿度较低时，应适当减少琼脂用量增加培养容器内的湿度，否则培养基将干硬，不利于外植体接触或插进培养基，导致生长发育受阻。封口材料直接影响容器内的湿度情况，密封越好湿度越高，但封闭度较高的封口材料易引起气体交换不良而导致生长发育受影响。

环境的相对湿度可以影响培养基的水分蒸发，湿度过高过低都不利，过低将造成培养基失水而影响试管苗的生长，过高则容易滋生杂菌，导致污染，一般培养室要求 70%～80%的相对湿度。湿度过低时可用加湿器或经常洒水的方法来调节湿度，湿度过高时可用除湿机来降低湿度。

四、试管苗气体条件的调控

氧气是外植体分化、增殖和生长的必需因素，瓶盖封闭时要考虑通气问题，可用附有滤气膜的封口材料（见图 4-1）。通气最好的是棉塞封闭瓶口，但棉塞易使培养基干燥，夏季容易引起污染。固体培养基可加活性炭来增加通气度，以利于发根。培养室要经常换气，改善室内的通气状况。液体振荡培养时，要考虑振荡的次数、振幅等，同时要考虑容器的类型、培养基等。

图 4-1 有滤气膜封口的瓶盖

任务二 试管苗培养中的常见问题及预防措施

组织培养过程中，即使每个过程都按规范操作，也会发生一些问题，常见的是污染、褐变和玻璃化，这 3 个问题并称为组织培养的三大难题。

一、污 染

（一）污染现象

污染是在组织培养过程中培养基和培养材料滋生杂菌，导致培养失败的现象。组织培养中污染的病原体主要是细菌、真菌污染。细菌污染（见图 4-2）的特点是菌斑呈黏液状物，有臭味，在接种后 1~2 d 即可发现；真菌污染（见图 4-3）的特点是污染部分长有不同颜色的霉菌，在接种后 3~10 d 才能发现。

图 4-2 细菌污染

图 4-3 真菌污染

（二）原 因

1. 外植体带菌

其原因是原瓶苗有污染，外植体消毒不彻底。通常多年生的木本材料比 1~2 年生的草本材料带菌多；老的材料比嫩的带菌多；田间生长的材料比温室的带菌多；带泥土的材料比清洁的带菌多；阴雨天采集的材料易带菌；一天中以中午阳光最强时的材料带菌少。

2. 培养基带菌

高压蒸汽灭菌的温度、压力、时间和正确使用情况，以及过滤灭菌中过滤膜孔径、过滤灭菌器械的灭菌处理、过滤灭菌操作等均影响培养基的灭菌效果。此外，培养瓶瓶盖松动、培养基存放时间太长都可能导致染菌。

3. 操作环节

接种室不清洁、不干燥、不密封，接种室不经常用紫外线灯照射、甲醛熏蒸、70%的酒精喷雾杀菌，超净工作台不杀菌，风机不打开，操作过程不规范、不熟练，经常走动，在操作时说话等都可能导致染菌。

4. 培养环境

培养室要求清洁、密闭，每天用 70%的酒精喷雾除菌、降尘，每周用少量甲醛熏蒸灭菌，如有空气过滤装置效果更好。培养室相对湿度太高时，污染加重。

（三）预防措施

1. 接种室的灭菌

在每次接种前 30 min，用 20% 的新洁尔灭擦洗室内设备、工作台面，再用紫外线灯照射20 min。使用前还可以喷洒 70% 的酒精，使空气中灰尘迅速下降。若有污染的材料不可以就地清洗，必须高压灭菌后再清洗，否则会导致大量孢子弥漫。加强环境的灭菌消毒，要及时打扫卫生，定期蒸熏消毒，保证环境的干净。

2. 操作规范

在进行组织培养时，一定保证培养基灭菌彻底，器皿和用具一定消毒彻底，保证无菌，同时在接种时还需要严格进行无菌操作。接种时接种人员的手、手腕要用酒精棉球好好擦拭，并且要求接种人员的技术娴熟、干练。

3. 外植体选择与消毒

由于不同种类的植物材料，不同的取材部位、取材大小、取材年龄以及取材周期，其带菌量不同，为此在取材时应仔细选择，以减少污染的发生。一般在春季采集生长健壮的材料为佳，在连续晴天的中午取材，选取洁净、生长旺盛的部位，现取现灭菌。外植体可在室内或无菌条件下对枝条进行液体培养催芽，即用刷子沾少量的洗衣粉或肥皂稀溶液把枝条刷洗干净，进行水培或者液体培养，选择新抽生的嫩枝或者嫩芽作为外植体，可降低污染率。或者在无菌条件下对采自田间的枝条进行暗培养，待抽出徒长的黄化枝条时取材，可有效减少污染。外植体消毒要彻底，可采用多次灭菌法或多种消毒剂交替浸泡以减少带菌。

（四）污染材料的处理

发现污染的材料应及时处理，否则将导致培养室环境污染。对一些特别宝贵的材料，可以取出再次进行更为严格的灭菌，然后接入新鲜的培养基中重新培养。要处理的污染培养瓶最好在打开瓶盖前，先集中进行高压灭菌，再清除污染物，然后洗净备用。

二、褐 变

（一）褐变现象

褐变是指外植体在培养过程中体内的多酚氧化酶被激活后，使细胞内的酚类物质氧化成棕褐色醌类物质，这种致死性的褐化物不但向外扩散致使培养基逐渐变成褐色，而且还会抑制其他酶的活性，严重影响外植体的脱分化和器官分化，最后变褐而死亡。褐变苗如图 4-4 所示。

图 4-4　褐变苗

（二）原　因

1. 植物品种（基因型）

一般木本植物的酚类化合物较草本高，组培时木本植物更易褐化。

2．外植体的生理状态

外植体的老化程度、年龄、大小和取材部位都会影响褐变的发生。外植体的老化程度越高，其木质素的含量也越高，也越容易发生褐变；大的外植体比小的外植体容易发生褐变；成龄材料一般比幼龄材料褐变严重；切口越大，酚类物质的被氧化面积也越大，褐变程度就会越严重。

3．培养基成分

培养基中无机盐浓度过高、CTK水平过高，外植体在最适宜的脱分化条件下，细胞大量增殖，抑制褐变；液体培养不容易发生褐变；pH高容易发生褐变。

4．培养条件

光照过强、温度过高、培养时间过长均加速褐变的发生。

5．材料转移时间

试管苗长时间不转接容易发生褐变现象。

（三）预防措施

1．选择适宜的外植体

选择幼小的植株，选择幼嫩的部位，选择大小适宜的外植体，选择生长旺盛的外植体。

2．选择合适的培养条件

适度的低温、初始培养阶段在暗光或弱光培养可抑制酚类的氧化，减少褐变；琼脂量的减少、较低的pH利于减少褐变现象的发生；培养基中适宜的细胞分裂素浓度可以减轻或抑制褐变。

3．加快继代转接的速度

将外植体不断转接到新鲜的培养基上，以防止多酚氧化酶的积累，可减少褐变的产生。

4．加抗氧化剂

在培养基中加入抗氧化剂，如硫代硫酸钠、植酸（PA）、抗坏血酸、过氧化氢、半胱氨酸等。吸收剂有活性炭（AC）和PVP（聚乙烯吡咯烷酮）。抗氧化剂要分次使用，应注意有些抗氧化剂会对培养物产生毒害作用，要避免长期在含这些抗氧化剂的培养基中培养，如果先期褐变得到了控制，就应该从培养基中除去抗氧化剂。

5．加活性炭

在培养基中加入0.1%～0.5%的活性炭可减少褐变的产生，主要利用活性炭的吸附能力来吸附多酚氧化酶。但活性炭在吸附有害物质的同时也吸附营养物质和激素，因此会影响外植体的生长和发育。

三、玻璃化

（一）玻璃化现象

玻璃化是试管苗的一种生理失调症，在植物材料进行离体培养时，由于含水量高，有些培养物的嫩茎或叶片呈现半透明或水渍状的现象。玻璃化苗（见图4-5）植株矮小、节间短、叶水渍状、半透明、脆、易碎。玻璃化苗中因体内含水量高，干物质、叶绿素、蛋白质、纤维素和木质素含量低，叶表无角质层，无功能性气孔器，玻璃化的叶子只有海绵组织没有栅栏组织，表现为光合能力和酶活性降低、组织畸形、器官功能不全、分化能力降低、生根困难、移栽后很难成活。玻璃化苗在植物组培中很普遍，有时多达50%以上，严重影响繁殖率，造成人、财、物的极大浪费。

图4-5　玻璃化苗

（二）原　因

1. 激素浓度不适宜

细胞分裂素浓度过高或细胞分裂素与生长素的比例失调都会导致玻璃化苗的增加。

2. 琼脂和蔗糖浓度过低

琼脂和蔗糖浓度与玻璃化苗的比例呈负相关，琼脂或蔗糖浓度越高，玻璃化苗的比率越低。

3. 培养条件

培养基的含水量影响玻璃化苗的形成，培养基中含水量越高，玻璃化越严重，温度低、湿度大容易产生玻璃化。

4. 通风条件不好

通风条件不好，也容易发生玻璃化现象。

（三）预防措施

1. 增加琼脂浓度

在固体培养时，适当增加琼脂的浓度，并提高琼脂的纯度，都可增加培养基的硬度，从而造成细胞吸水受阻，降低玻璃化。

2. 提高蔗糖浓度

提高培养基的蔗糖浓度，可提高渗透压，降低培养基的渗透势，减少培养材料水分的获得。

3. 改善培养基

增加培养基中 Ca、Mg、Mn、K、P、Fe 元素的含量，降低 N 和 Cl 元素的含量，特别是降低铵态氮的浓度，提高硝态的含量，适当降低细胞分裂素浓度是克服玻璃化的重要措施。

4．改善培养条件

用有透气口的封口膜封瓶口或者用有透气垫的瓶盖封瓶口。增加自然光照、控制光照时间、降低温度、降低湿度都可有效控制玻璃化的产生。

5．加入其他物质

在培养基中添加活性炭、多效唑、间苯三酚、根皮苷、CCC 等均可有效地减轻和防止玻璃化。

四、生根难

（一）原　因

组培过程中，常碰到扩繁易、生根难的植物。组培生根，多数是愈伤组织生根，愈伤组织过大、激素配比不合理、温度过高或过低、光照时间长短不合理、分化苗玻璃化，都能影响组培苗生根。

（二）解决措施

对于快繁物种，应多设激素水平梯度，选出最佳分化、生根激素浓度配比；合理控制温度、光照（因为各物种间对光、温、激素种类和浓度要求差别很大，所以不能一概而论。研究者应根据自己的实际情况，采取适当措施）。

五、材料死亡

（一）原　因

1．外植体灭菌过度

一旦材料太小或灭菌时间太长，剂量太大，就会导致材料死亡，所以要严格控制外植体的灭菌时间。

2．污　染

大量污染也会造成材料的死亡。

3．培养基配制出现问题

在激素配制或营养成分配制出现问题时，材料容易死亡，常常发生在无生长点的材料和愈伤组织中。

4．培养环境的恶化

温度过高、透气不好、培养过于密集、久不转移、有害气体的累积等都会造成培养材料的死亡。

（二）预防措施

选用较为温和的灭菌剂，降低药物浓度，减少灭菌时间，或选取较为坚强的外植体（生长季节取芽），注意个人卫生，严格按照规则进行操作，认真配制各种母液及培养基，选用含盐量较低的培养基，也可以试着用 1/2 或 1/4 的培养基，并调整各激素的用量和配比，还可以适当添加抗生素、活性炭及必要的有机营养，改善培养环境，及时转移和分瓶，加强组培的过渡管理。

六、组培苗瘦弱或徒长

正常的组培苗应当叶色鲜绿，植株粗壮。如果在增殖阶段出现芽苗瘦弱、徒长或节间过长，这种苗会长大，但要比正常的苗瘦弱。有时即使是正常健壮的小苗，若生根阶段培养基或培养环境得不到保障的话，叶尖也会明显伸长，叶片变细、变薄、黄化等。这些苗在过渡培养时会一一死亡。

（一）原　因

1. 细胞分裂素浓度过高

细胞分裂素浓度过高，产生的不定芽过多，这些密集的芽若不及时进行转移与分割，很快会变成瘦弱苗。

2. 温度过高

高温有利于苗的生长，若温度过高，则会造成节间生长过快。

3. 光照不足

培养过程中，如果光照不足，组培苗会变黄、变细、变瘦，加速生长，使苗在短时间内变得更瘦弱。

4. 通气不良

通气不良会增加瓶内湿度，容易导致组培苗的玻璃化和徒长。

（二）解决措施

根据植物特点减少细胞分裂素的使用，加速继代培养的速度，适当减少接种的密度，适当降低温度，提高光照时间，调整培养基硬度，改用透气的封口膜。

七、过渡苗死亡率高

（一）原　因

过渡苗死亡率高是由过渡苗的环境条件不适宜造成的。基质的湿度过大会引起根部的溃烂，温度过高、过低都会使组培苗的生长不适。另外还有光照的影响，在过渡期间要适当用遮阳网遮去大部分光照，之后再逐渐增加光照。但是在过渡培养的后期，要提高光照度，否则会造成定植成活率低。

过渡苗管理不精细也是原因之一。当发现组培苗出现不良状况时要及时找出对策，防止其进一步死亡。

（二）解决措施

有针对性地调整配方，改善组培条件，努力培养质量优良的小苗，及时出瓶，防止出现根部的损伤；改善过渡培养的环境，自动温控，及时灌水，加强过渡苗的肥水管理和病虫害防治。

八、变异和畸形

（一）原　因

变异和畸形是指在培养过程中，由于激素、环境等的作用，使得组培苗的外部形态和内部生理发生变化，引起畸变、矮化、丛生、叶片变厚等现象。变异主要是由于温度过高引起的，环境变得恶劣时也会发生变异；畸变主要是由激素种类和浓度导致的。

（二）解决措施

可根据植物的种类和生长习性，降低细胞分裂素的浓度，调节生长素与细胞分裂素的比例，改善环境等来减轻变异和畸变。

九、其他问题

（一）初期培养阶段

（1）培养物水渍状、变色、坏死、茎断面附近干枯。

原因：表面杀菌剂过量，消毒时间过长，外植体选用不当（部位或时期）。

改进措施：调换其他杀菌剂或降低浓度，缩短消毒时间，试用其他部位，生长初期取材。

（2）培养物长期培养几乎无反应。

原因：基本培养基不适宜，生长素不当或用量不足，温度不适宜。

改进措施：更换基本培养基或调整培养基成分，尤其是调整盐离子浓度，增加生长素用量，试用2，4-D，调整培养温度。

（3）愈伤组织生长过旺、疏松，后期水渍状。

原因：激素过量，温度偏高，无机盐含量不当。

改进措施：减少激素用量，适当降低培养温度，调整无机盐（尤其是铵盐）含量，适当提高琼脂用量，增加培养基硬度。

（4）愈伤组织太紧密、平滑或突起，粗厚，生长缓慢。

原因：细胞分裂素用量过多，糖浓度过高，生长素过量。

改进措施：减少细胞分裂素用量，调整细胞分裂素与生长素比例，降低糖浓度。

（5）侧芽不萌发，皮层过于膨大，皮孔长出愈伤组织。

原因：枝条过嫩，生长素、细胞分裂素用量过多。

改进措施：减少激素用量，采用较老化的枝条。

（二）继代增殖培养阶段

（1）苗分化数量少、生长慢、分枝少，个别苗细高。

原因：细胞分裂素用量不够、温度偏高、光照不足。

预防措施：增加细胞分裂素用量，适当降低温度。

（2）苗分化过多，生长慢，部分苗畸形，节间极度缩短，苗密集丛生微型化。

原因：细胞分裂素用量过多，温度不适宜。

预防措施：减少细胞分裂素用量或停用一段时间，调整培养温度。

（3）分化出苗较少，苗畸形，培养较久可能再次出现愈伤组织。

原因：生长素用量偏高，温度偏高。

预防措施：减少生长素用量，适当降温。

（4）叶粗厚、变脆。

原因：生长素用量偏高，或细胞分裂素用量偏高。

预防措施：减少激素用量，避免叶片接触培养基。

（5）再生苗的叶缘、叶面等处偶有不定芽分化出来。

原因：细胞分裂素用量偏高，或表明该种植物适于该种再生方式。

改进措施：适当减少细胞分裂素用量，或分阶段利用这一再生方式。

（6）丛生苗过于细弱，不适于生根或移栽。

原因：细胞分裂素浓度过高或赤霉素使用不当，温度过高，光照短，光强不足，久不转移，生长空间窄。

改进措施：减少细胞分裂素用量，免用赤霉素，延长光照时间，增强光照，及时转接，降低接种密度，更换封瓶纸的种类。

（7）幼苗生长无力，发黄落叶，有黄叶、死苗夹于丛生苗中。

原因：瓶内气体状况恶化，pH 变化过大，久不转接导致糖已耗尽，营养元素亏缺失调，温度不适，激素配比不当。

改进措施：及时转接，降低接种密度，调整激素配比和营养元素浓度，改善瓶内气体状况，控制温度。

（8）幼苗淡绿，部分失绿。

原因：无机盐含量不足，pH 不适宜，铁、锰、镁等缺少或比例失调，光照、温度不适。

改进措施：针对营养元素亏缺情况调整培养基，调整 pH，调控温度、光照。

（三）生根培养阶段

（1）培养物久不生根，基部有伤口，没有适宜的愈伤组织生长。

原因：生长素种类不合适、用量不足；生根部位通气不好，pH 不合适，无机盐浓度不合适。

预防措施：更换使用的生长素种类和用量，改用滤纸桥法生根。

（2）愈伤组织生长过大，根部肿胀畸形，几条根并联或愈合，苗发黄受抑制或死亡。

原因：生长素种类不合适，用量过大。

预防措施：更换生长素的种类和用量。

实验实训九　组培过程中污染苗、褐变苗、玻璃化苗的识别

一、实验实训目的

能够识别组培过程中出现的污染苗、褐变苗、玻璃化苗；能够找出发生上述现象的原因，并能够解决实际问题。

二、实验材料及用具

培养室内的所有组培苗、放大镜、笔、纸等。

三、实验实训步骤

（1）做好进入培养室前的消毒、换工作服和拖鞋等工作。

（2）进入组培苗培养室，在培养架上逐一检查，发现异常的全部拣出。

（3）将所有发现异常的组培苗带到洗涤室或药品配制室，观察组培苗、培养基的情况（主要看组培苗是否茎叶透明、是否变褐、是否发霉等）。

（4）若发现问题，但看不太清楚的，则借助放大镜进行仔细观察、判断。

（5）小组讨论、仔细观察分析有问题试管苗的特点，判断组培苗发生该现象的原因，制订预防措施，并将观察记录填写在表 4-1 中。

表 4-1　试管苗记录表

样品编号	问题	问题特征	预防措施

四、作　业

将本次实验实训内容整理成实验实训报告。

任务三　试管苗的驯化与移栽

一、试管苗的生长环境与特点

（一）试管苗的生长环境

试管苗长期生活在密闭容器中，形成其独特的生态系统，与外界环境相比差异很大，主

要有① 高温且恒温：试管苗生活在高温且恒温的环境下，试管苗整个生长过程中采用的是恒温培养，温差很小，并且温度一般控制在（25±2）℃。而外界环境条件温度不断变化，其调节由太阳辐射决定，温差很大，而且一般不会达到（25±2）℃；试管苗是在无菌、有营养供给、适宜光照和温度及近乎 100% 相对湿度的相对优越的环境条件下生长的，在生理、形态等方面都与自然条件下生长的正常小苗有很大差异。② 高湿：由于培养瓶几乎是密闭的环境，试管苗水分从气孔蒸腾，培养基水分向外蒸发，在培养瓶内凝结后又进入培养基，水分在瓶内循环移动造成瓶内相对湿度接近 100%，远远大于瓶外空气湿度，故试管苗蒸腾小。③ 弱光：试管瓶内光照一般比太阳光弱，幼苗生长也较弱，不能受太阳光直接照射。④ 无菌：试管苗所在环境无菌，与外界有菌环境不同，试管苗也无菌，同时，培养瓶内气体环境较为特殊，与外界环境有很大差异。

（二）试管苗的特点

试管苗（见图 4-6）生长细弱，茎叶表面角质层不发达；叶绿体的光合作用较差；叶片气孔数目少，活性差；根的吸收功能差；对逆境的适应性和抵抗能力较差。如果将试管苗直接移栽到自然环境中，其蒸腾作用极大，失水率很高，非常容易死亡。

图 4-6　白术脱毒试管苗

二、试管苗的驯化

驯化（domestication）也叫炼苗，是指试管苗由一种生长环境转移到另一种差异较大的生长环境的适应过程。驯化的目的是提高试管苗对外界环境条件的适应性，提高光合作用能力，使试管苗健壮，提高试管苗移栽成活率，使试管苗由异养转为自养。

驯化的原则是调节温湿光和无菌等环境要素，开始和培养条件相似，后期与预计栽培条件相似。驯化的方法是将完整的组培苗（幼苗健壮、叶色深绿、根系发达、根粗壮）的试管或三角瓶由培养室转移到半遮阴的自然光下，并打开瓶盖注入少量自来水，使组培苗周围的环境逐步与自然环境相似，恢复植物体内叶绿体的光合作用能力，提高适应能力。驯化一般进行 3～5 周。很多树种也可不进行特别的驯化，或驯化与移栽同步，如桉树试管苗直接移植后，通过遮阴和加强喷水、防病等，就能保证移植顺利成活。

三、试管苗的移栽

（一）配制基质

适合于栽种试管苗的基质要具备透气性、保湿性和一定的肥力，容易灭菌处理，并不利于杂菌滋生的特点，一般可选用珍珠岩、蛭石、砂子等。草炭又名"泥炭"，是沼泽植物的残体在水淹的缺氧条件下，不能完全分解堆积而成的一种有机基质，含有很低的有机营养；蛭石是一种云母类矿物质在高温作用下膨胀而成的一种层状结构的颗粒，含磷、钾、铝、铁、镁、硅酸盐等成分，具有吸水保肥的作用，但植物可利用的营养成分很低；珍珠岩是火山喷发的酸性熔岩，经高温加热而成的白色海绵状小颗粒，疏松、透气、质轻，不含矿质营养。

营养土一般由 4 份草炭、1 份蛭石、1 份珍珠岩及少量肥料混匀而成，移栽基质一般以草炭（见图 4-7）、蛭石（见图 4-8）和珍珠岩（见图 4-9）为主，此外还可用菌渣、锯末等。目前，国内绝大部分采用草炭+蛭石+珍珠岩的复合基质，比例为 3∶0.5∶1 或 4∶1∶1。为了增加黏着力和一定的肥力可配合草炭土或腐殖土，也可用商用育苗基质（见图 4-10）。使用前应高压灭菌，或至少烘烤 3 h 来消灭其中的微生物，或喷施多菌灵、百菌清灭菌。要根据不同植物的栽培习性来进行配制，这样才能获得满意的栽培效果。将灭菌好的基质装入穴盘（见图 4-11）或营养钵中，刮平，浇透水备用。

图 4-7　草炭　　　　图 4-8　蛭石　　　　图 4-9　珍珠岩　　　图 4-10　商用育苗基质

图 4-11　灭菌的穴盘基质

（二）移　栽

用镊子轻轻取出组培幼苗，不能用力过猛，防止扯断苗根。如果培养基过干，可先用清水浸泡一段时间再取苗。轻轻洗掉根部黏附的培养基，切忌揉伤。如果根过长，可剪短一些。培养基一定要清洗干净，否则容易长杂菌。清洗好的试管苗蘸生长素或生根粉后移栽到穴盘中，取筷子粗细的竹签在营养钵上插一小孔，孔一定要深，保证根系能够舒展。将幼苗放进孔内，用手将周围基质掩盖根系，轻压根部，将所有穴盘栽好后，并排摆好，轻浇薄水。

任务四　试管苗的苗期管理

一、保持小苗的水分供需平衡

试管苗在移栽后 1 ~ 5 d 内，应给予较高的空气湿度条件，使叶面的水分蒸发减少，尽量接近培养瓶的条件，让小苗始终保持挺拔的状态。保持小苗水分供需平衡首先培养基质要浇透水，所放置的床面也要浇湿，然后搭设小拱棚，以减少水分的蒸发，并且初期要常喷雾处理，保持拱棚薄膜上有水珠出现。5 ~ 7 d 后，发现小苗有生长趋势，可逐渐降低湿度，减少喷水次数，将拱棚两端打开通风，使小苗适应湿度较小的条件。约 15 d 以后揭去拱棚的薄膜，并给予水分控制，逐渐减少浇水，促进小苗长得粗壮。

二、一定的温光条件

试管苗移栽以后要保持一定的温光条件，温度过低会使幼苗生长迟缓，或不易成活；温度过高会使水分蒸发，从而使水分平衡受到破坏，并会促使菌类滋生。适宜的生根温度是 18 ~ 20 ℃，冬春季地温较低时，可放入温室或用电热线来加温。另外在光照管理的初期可用较弱的光照，如在小拱棚上加盖遮阳网或报纸等，以防阳光灼伤小苗和增加水分蒸发。当小植株有了新的生长时，逐渐加强光照，后期可直接利用自然光照，促进光合产物的积累，增强抗性，促其成活。

三、防止菌类滋生

由于试管苗原来的环境是无菌的，移出来以后难以保持完全无菌，因此，应尽量不使菌类大量滋生，以利成活。整个栽培环境做到清洁、通风、偏强光照，促使试管苗生长旺盛，自然会提高试管苗抵御病虫侵扰的能力。所以应对基质进行高压灭菌或烘烤灭菌，发现有病害的组培苗应及时销毁，并进行药物防治，将病害消灭在萌芽状态。药物防治可进行单独叶面喷施并灌根，也可和肥料混施。在移苗时尽量少伤苗，伤口过多，根损伤过多，都是造成死苗的原因。喷水时可加入 0.1%的尿素，或用 1/2MS（1/2MS 是指将 MS 培养基配方中的大量元素的用量取原配方的 1/2，而微量元素、植物生长调节物质等的用量不变，仍取原配方的用量）大量元素的水溶液作追肥，可加快苗的生长与成活。

四、保持基质适当的通气性

要选择适当的颗粒状基质，保证良好的通气作用。在管理过程中不要浇水过多，过多的水应迅速沥除，以利根系呼吸。喷水时可加入 0.1%的尿素，或用 1/2MS 大量元素的水溶液。

实验实训十　试管苗的驯化、移栽与管理

一、实验实训目的

学习试管苗的移栽方法，掌握组培苗驯化、移栽技术，提高试管苗的成活率。

二、实验实训原理

当铁皮石斛试管苗长至 3~5 cm 时即可移栽入土，由于在室内人工光照下培养的试管苗十分幼嫩，因此要成功地大量移栽试管苗，必须掌握以下几个环节：① 选择健壮的幼苗，要求节间短而粗壮，叶片大而浓绿，展叶 4 片以上，没有水渍状叶，具有 3 条以上的根，根尖为黄白色，不发黑；② 逐步增加光照度和降低空气相对湿度，促使试管苗慢慢适应自然生长条件；③ 选用合适的驯化基质。

三、实验材料及用具

石斛组培苗、蛭石、珍珠岩、泥炭、苔藓、育苗盘、镊子、喷雾器、杀菌剂、营养钵、小手铲、喷壶、多菌灵（0.1%）、高锰酸钾溶液（0.3%~0.5%）、塑料薄膜等。

四、实验实训步骤

（一）驯　化

提前 2 d，将试管苗拿出培养室在常温下放置，待试管苗逐步适应外界的光照，7 d 后打开瓶盖，使试管苗接受有菌的环境。

（二）清洗瓶苗

将试管苗从所培养的瓶中取出，放入水盆中，取时要小心操作，切勿把根系损坏，然后把根部黏附的琼脂漂洗掉，要求全部除去，而且动作要轻，在操作过程中切勿伤根伤苗，清洗后可蘸生长素或生根粉。

（三）配制基质

将泥炭、蛭石、珍珠岩按 10∶0.5∶1 的比例进行混合拌匀，均匀装入穴盘中。

（四）移植小苗

移栽前，先将基质浇透水，并用竹签或小棍在基质中开一孔，然后再将植株种植下去，最好让根能够舒展开，且不要弄伤幼苗。种植时幼苗深度应适中，不能过深或过浅，覆土后需把苗周围基质压实。移栽时，要将标记牌放好。种植完成后，再将苗移入大棚中。

（五）移栽后管理

刚种下去的小苗暂时不用浇水，因为基质在种之前已经浸泡过水，种下后先喷一遍杀菌

剂，之后每天喷雾保湿，待 5 d 后再浇水；5 d 后，每隔 10 d 对小苗进行观察，拣出死亡的小苗，并统计死亡数量，用以计算成活率；小苗刚种下去也以干养为宜，促进长根，故浇水不宜过勤。新根长出来之前不用施肥，预计种后一个月施肥即可。

五、数据统计

试管苗移植成活率=（成活的试管苗数/移栽试管苗数）×100%

六、作　业

（1）将本次实验实训内容整理成实验实训报告。
（2）观察并记录移栽后试管苗的移植成活率。

思考与练习

1. 接种好的试管苗应如何培养？
2. 引起污染的原因主要有哪些？
3. 对于初学者应如何避免污染？
4. 在组培过程中预防褐变的措施有哪些？
5. 在组培过程中，经常会出现玻璃化现象，请问产生玻璃化现象的原因有哪些，如何降低组培过程中玻璃化现象的发生？
6. 简述试管苗的生态环境及特点。
7. 说明试管苗的驯化原则、目的和方法。
8. 如何提高组培苗的移栽成活率？

项目五　组培苗工厂化生产的经营与管理

组培苗工厂化生产的经营与管理需要清晰的经营思想和经营方针，并且结合市场需求和行情，实施营销策略和产品开发策略。为提高组培苗工厂化审查经营管理的经济效益，需要实行计划生产、规模生产、成本核算、利润核算等。

任务一　商业化经营思想与措施

一、商业化经营思想

商业化经营思想是从事经营活动、解决经营问题的指导思想，它是随着生产力的发展而发展的。在商业化经营思想指导下形成经营管理理论，经营管理理论用于指导生产经营实践，不断促进生产力发展。

随着国民经济的迅速发展，农村的种植结构作了大幅度的调整，植物组织培养也由小型试验发展改变为工厂化生产，种苗供求由计划经济转为市场经济。植物组织培养企业化经营管理的思想，首先是市场经营思想即市场观念，也是技术对市场及其经营活动的基本看法和指导思想。

企业经营的目的是赢利，效益就是企业的生命。植物组织培养工厂化必须面向市场，以市场需求为导向。脱离市场需求和行情，盲目生产而造成损失和浪费，或科研技术薄弱形不成批量生产，都不能提高经济效益。良好的经济效益，来源于适度的生产规模、合理的预算、良好的产品质量、科学的经营管理。提高企业生产经营管理的经济效益，要了解市场，贴近市场，满足用户需求，根据用户的需求来安排生产；强化生产中的经济核算，降低产品生产成本；加强技术创新，提高产品质量；并且在种苗售后做好服务工作，只有这样，才能长久地占领市场、巩固市场和开拓市场。

二、降低成本提高效益的措施

（一）掌握熟练的技术技能，制订有效的工艺流程，提高生产效率

组培工厂化生产要求技术路线要成熟，操作工转接苗操作要熟练，每天转接苗 1 000～1 200 株，污染率不能超过 1%；培养苗按繁殖周期生产，炼苗成活率达到 80% 以上。按照工艺流程操作，按计划生产，就能降低成本，提高生产率。

（二）减少设备投资，延长使用寿命

试管苗生产需要一定的设备投资，少则数万元，多则数十万元。除了应购置一些基本设

备外，可不购的就不购，能代用的就代用，如精密 pH 试纸代替昂贵的酸度计。一个年产 3 万～5 万株木本植物苗、10 万～20 万株草本植物苗的试管苗工厂，一部超净工作台即可。经常及时检修、保养、避免损坏，以延长寿命，是降低成本提高经济效益的一个重要方面。

（三）降低器皿消耗，使用廉价的代用品

试管苗繁殖中需使用大量培养器皿，少则数千元，多则上万元，投资大，加上这些器皿易损耗，费用较大。培养瓶除有一部分三角瓶做试验用之外，生产中的培养瓶可用果酱瓶来代替。组培药品中的蔗糖可用食用糖来代替，生产的产品效果是同样的。

（四）节约水电开支

水电费在试管苗总生产成本中占较大比重，节约水电开支也是降低成本的一个主要问题。

1. 利用当地的自然资源

试管苗增殖生长均需要一定的温度和光照，应尽量利用自然光照和自然温度。

2. 减少水的消耗

制备培养基要求用无离子水，经一些单位的试验证明，只要所用水含盐量不高，pH 能调至 5.8 左右，就可以用自来水、井水、泉水等来代替无离子水或蒸馏水，以节省部分费用。

（五）降低污染，提高成活率

试管苗繁殖过程中，有几个环节容易引起污染。转接苗时注意技术操作规范，接种工具消毒彻底，均能提高转接苗的成活率。试管苗在培养过程中，培养环境要定期消毒，减少空间菌量的存在。夏季温度高，培养室内要及时通风换气，减少螨虫携带真菌污染培养器皿，避免母瓶的污染。

（六）提高繁殖系数和移栽成活率

在保证原有良种特性的基础上，尽量提高繁殖系数，试管苗繁殖率越大，成本越低。在试管苗繁殖过程中，利用植物品种的特性，诱导最有效的中间繁殖体，如微型扦插、愈伤组织、胚状体等都能加速繁殖速度和繁殖数量。但需要注意的是，中间繁殖体不能产生品种变异现象。提高生根率和炼苗成活率也是提高经济效益的重要因素，试管苗繁殖快，要达到生根率 95% 以上，炼苗成活率要达 85% 以上。在炼苗环节上可进行技术更新、简化手续、降低成本，这些均能提高试管苗的成活率。

（七）发展多种经营，开展横向联合

结合当地的种植结构，安排好每种植物的定制茬口，发展多种植物的试管苗繁殖。如发展花卉、果树、经济林木、中药材等，将多种作物结合起来，以主代副，建成一个总额灵活的试验苗工厂，这也是降低成本提高经济效益的途径。

积极开展出口创汇，拓宽市场，将国内产品逐步打入国外市场。如向日本市场出口"切花菊花"，向东欧市场出口"切花玫瑰"，向东南亚出口"水仙球"等，均有较高的经济效益。

组织培养中有"快速繁殖""去病毒或病毒鉴定""有益突变体的选择""种质保存"等多项技术，要加强技术间的紧密合作，使之在多方面发挥效益。加强与科研单位、大专院校、生产单位的合作，采取分头生产和经营，互相配合，这样既可发挥优势，又可减少一些投资。

（八）商品化生产的经营管理

根据市场需求，产销对路，以销定产。市场有需求，便加快产品生产，加快销售，效益就提高。产品对路，销售畅通，效益就显著。

保证产品质量，坚持信誉第一，质量第一。一定要对用户负责，为生产着想，坚持真正为社会服务。繁殖出的试管苗品种应是优良、稀缺品种，品种纯度要高，保证无病虫，定植后成活率高，才能取得信誉。

做好试管苗生产性能示范工作，展示品种特性和种植形式，使用户眼见为实、及早接受。坚持使用优良、稀有、名贵品种，多点试验和多点栽培示范，对推广和销售均有重要的意义。

培训技术人员，储备技术。组织培养一般技术并不复杂和深奥，容易学会。但要试验一种新的植物，就需要作大量系统的研究，只有具备一定的理论基础和实际操作技术，才能解决一个个难关。因此，在进行生产的同时，还要进行试验研究，以储备技术，适应市场的需求和变化。

三、市场营销

（一）营销策略

营销策略是指植物组织培养生产企业在经营方针指导下，为实现企业的经营目标而采取的各种对策，如市场营销策略、产品开发策略等。而经营方针是企业经营思想与经营环境结合的产物，它规定企业一定时期的经营方向，是企业用于指导生产经营活动的指南针，也是解决各种经营管理问题的依据，如在市场竞争中提出以什么取胜，在生产结构中以什么为优等都属于经营方针的范畴。

经营方针是由经营计划来具体体现的。经营计划的制订，取决于具体的条件，如资金、技术、市场预测、植物组培种类与品种的选择等。此外，还要根据选择的植物组培种类与品种，确定种植区域，包括种植区的气候、土质、交通运输以及市场、设备物资的供应和劳动力的报酬等。

植物组织培养生产企业在经营方针下，最有效地利用企业经营计划所确定的地理条件、自然资源、植物种类生产要素，合理地组织生产。

（二）市场预测

1. 市场需求的预测

植物组织培养生产企业进行预测时，首先要做好区域种植结构、自然气候、种植的植物种类及市场发展趋势的预测。例如，花卉种苗在昆明、上海、山东等地鲜切花生产基地就有相当大的需求市场，而马铃薯在华北地区、东北地区、华东地区北部种植面积大，种苗市场需求量大。

2. 市场占有率的预测

市场占有率是指一家企业的某种产品的销售量或销售额与市场上同类产品的全部销售量或销售额之间的比率。影响市场占有率的因素主要有组培植物的品种、种苗质量、种苗价格、种苗的生产量、销售渠道、包装、保鲜程度、运输方式和广告宣传等。市场上同一种植物种苗往往有若干家企业生产，用户可任意选择。这样，某个企业生产的种苗能否被用户接受，就取决于与其他企业生产的同类种苗相比，在质量、价格、供应时间、包装等方面处于什么地位，若处于优势，则销售量大，市场占有率高，反之就低。

（三）产品的营销

产品的营销是指运用各种方式和方法，向消费者提供产地产品信息，激发购买欲望，促进其购买的活动过程。

1. 产品的营销首先要正确分析市场环境，确定适当的营销形式

种苗市场如果比较集中，应以人员推销为主，它既能发挥人员推销的作用，又能节省广告宣传的费用；种苗市场如果比较分散，则宜用广告宣传，这样可以快速全方位地把信息传递给消费者。

2. 应根据企业实力确定营销形式

企业规模小，产量少，资金不足，应以人员推销为主；反之，则以广告为主，人员推销为辅。

3. 根据种苗产品的特性来确定营销形式

当地产品种苗供应集中，运输距离短，销售实效强，多选用人员推销的策略，并及时做好售后服务、栽培技术推广工作；对于种苗用量少和稀有品种，则通过广告宣传、媒体介绍来吸引客户。

4. 根据产品的市场价值确定营销形式

在试销期，商品刚上市，需要报道性的宣传，多用广告和营业推销；产品成长期，竞争激烈，多用公共关系手段，以突出产品和企业的特点；产品成熟饱和期，质量、价格等趋于稳定，宣传重点应针对用户，保护和争取用户。此外，产品的营销还可参加或举办各种展览会、栽培技术推广讲座和咨询活动，以引导产品开发。

任务二　生产规模与生产计划的制订及工厂化生产的工艺流程

生产规模的大小也就是生产量的大小，要根据市场的需求、组织培养试管苗的增殖率和生产种苗所需的时间来确定。

一、试管苗增殖率的估算

试管苗的增殖率是指植物快速繁殖中间繁殖体的繁殖率。估算试管苗的繁殖量要以苗、芽或未生根嫩茎为单位，一般以苗或瓶为计算单位。年生产量（Y）取决于每瓶苗数（m）、每周期增殖倍数（X）和年增殖周期数（n），其公式为 $Y=m \cdot X^n$。

如果每年增殖 8 次（$n=8$），每次增殖 4 倍（$X=4$），每瓶 8 株苗（$m=8$），全年可繁殖的苗是 $Y=8 \times 4^8 = 52$（万株）。此计算为生产理论数字，在实际生产过程中还有其他因素如污染、培养条件发生故障等，均可造成一些损失，实际生产的数量应比估算的数字低。

二、生产计划的制订

根据市场的需求和种植生产时间，制订全年植物组织培养生产的全过程。制订生产计划，虽不是一件很复杂的事情，但需要全面考虑、计划周密、工作谨慎，把正常因素和非正常因素都要考虑进去。往往制订出计划后，在实施过程中，也容易发生意外事件。因此，制订生产计划必须注意以下几点：

（1）对各种植物的增殖率应做出切合实际的估算。

（2）要有植物组织培养全过程的技术储备（如外植体诱导技术、中间繁殖体增殖技术、生根技术、炼苗技术）。

（3）要掌握或熟悉各种组培苗的定植时间和生长环节。

（4）要掌握组培苗可能产生的后期效应。

制订某种植物组培生产计划，应根据市场需求，各种植物都有一定的需求量，但是用苗的时间和用苗的量却不统一。每年的春、夏、秋、冬季节都有定植时间，用量各不相同，外植体来源季节也不同。

制订全年组培生产计划：一个植物组织培养种苗工厂，应能生产当地适用、适销的各种各样的植物种苗，全年生产，全年供应。

$$全年生产量=全年出瓶苗数 \times 炼苗成活率$$

例如，组培生产无论有多少种植物，它们平均 30 d 为一个增殖周期，一部超净工作台每人转苗量 1 200 株，按全年 300 个工作日计算全年的生产量。

$$全年生产量=1 200 \times 300=360 000（株）$$

30%苗量为增殖培养，70%苗量为生根出苗，计算全年成活出苗量。

$$全年出苗量=360 000 \times 70\%=252 000（株）$$

三、工厂化生产的工艺流程

工厂化生产种苗，首先要制订生产计划。制订生产计划要依据每种植物的组织培养工厂化生产的工艺流程，工艺流程要根据植物组织培养的技术路线来拟定。以菊花为例，其工厂化生产工艺流程如图 5-1 所示。

图 5-1　菊花茎尖脱毒及快速繁殖工艺流程图

任务三　组培苗工厂化生产设施和设备

一、组培苗工厂化生产设施和设备

在植物组织培养过程中，根据所培养的植物种类、生产规模，选择合适的器材、设施是十分必要的，只有这样才能确保整个操作过程的顺利进行。在器材、设施的选择上，不要贪大求洋，主要看其是否实用。在研究型的组织培养操作中，往往对器材、设施的要求较高；而在生产型的组织培养中，则对器材、设施的要求较为粗放（见表 5-1），因此管理者必须根据实际情况来进行培养器材、设施的遴选。

表 5-1　组培苗工厂化生产建筑设施一览表

序号	名　称	数量/m²	每平方米单价/元	金额/万元
1	预处理室	40	600	2.4
2	试剂室	40	600	2.4
3	培养基制备室	60	600	3.6
4	灭菌室	40	700	2.8
5	无菌接种室	40	800	3.2
6	培养室	80	800	6.4
7	观察记载室	20	600	1.2
8	温室	667	400	26.68
9	塑料大棚	667	100	6.67

续表

序号	名称	数量/m²	每平方米单价/元	金额/万元
10	防虫网	1 200	10	1.2
11	锅炉房	30	500	1.5
12	工作间	100	500	5.0
13	仓库	200	300	6.0

在植物组织培养的过程中，从外植体的采收到试管苗的定植都必须要在特定的环境中进行，例如，培养基的配制要在专用的器材、设施中进行；外植体的接种要在专用的器材、设施中进行。应根据植物组织培养不同阶段的需要，选择不同的器材、设施（见表 5-2），主要从降低投入、提高工效、节约劳力等诸方面加以考虑。

表 5-2 组培苗快速繁殖车间设施和仪器一览表

序号	名称	数量	规格	单价/元	金额/万元
1	药品橱	2	组合型铝合金橱	1 000	0.2
2	操作台	4	长×宽×高 （1 000 mm×750 mm×800 mm）	1 500	0.6
3	大冰箱	2	380 L	5 000	1.0
4	通风橱	1		5 000	0.05
5	恒温培养箱	2	30～100 ℃	800	0.8
6	液体培养摇床	2	旋转或垂直	6 000	1.2
7	培养架	50	5～7 层	1 400	7.0
8	天平	4	10%、1%、0.1%、0.01%	1.6	
9	空调	4	2P、1.5P	5 000	2.0
10	灭菌锅	4		1 000	0.4
11	蒸馏水器	1	5 L	800	0.08
12	培养基放置架	1		500	0.1
13	超净工作台	4	双人双面	9 000	3.6
14	紫外灯	4		300	0.12

二、组培苗工厂化生产技术

（一）品种选育和母株培养

广泛收集和引进目标植物，建立种质资源圃，选择市场潜力大、特性典型、纯度高、生长健壮、无病虫害的植物作为母株进行生产。

（二）离体快繁组培基本苗

（1）初代培养材料的处理与培养：尽量采用小容器进行分散培养，以降低污染率。

（2）组培苗的变异：注意选择适宜的培养途径（如芽再生型等）。

（3）预留储备"母瓶"：置于 10～15 ℃ 低温下保存，减少变异及污染等的影响。

（4）生根培养：将成丛的试管苗分离成单苗，转接到生根培养基上，在培养容器内诱导生根。

（三）组培苗的驯化移栽

1. 准备工作

（1）选择育苗容器：一般采用穴盘，带根苗需穴格较大，扦插苗则需穴格较小。

（2）基质选配。① 具备良好的物理特性：保水透气；② 具备良好的化学特性：稳定、无毒、pH 及电导率等适宜；③ 物美价廉，便于就地取材。

（3）基质的种类。① 有机基质：泥炭、椰糠、花生壳、木屑等；② 无机基质：蛭石、珍珠岩、次生云母矿石、河沙、炉渣等。

（4）场地、工具及基质灭菌、装盘。① 场地、工具灭菌：多采用化学药剂灭菌；② 基质灭菌：多采用蒸汽灭菌或化学药剂灭菌；③ 基质装盘。

（5）营养液的配制。① 营养液的成分：大量、微量元素等；② 营养液常用药品的来源：实验研究需分析纯，规模化生产用化学纯或工业化合物；③ 营养液配方；④ 植物营养液的配制。

2. 组培苗移栽

（1）自然适应：组培苗由试管内条件转入室温，暴露于空气中，环境落差大，需要逐步适应。

（2）起苗、洗苗、分级：将苗瓶置于水中，用小竹签深入瓶中轻轻将苗带出，尽量不要伤及根和嫩芽，置水中漂洗，将基部培养基全部洗净；将苗分为有根苗和无根苗两类。

（3）移栽：拿起苗，用手指在基部上插洞，将苗根部轻轻植入洞内，撒上营养土，将苗盘轻放入苗池中。无根苗需先蘸生根液再进行移植，若用栽苗机应按规程进行操作。

3. 组培苗扦插

将经自然适应的小苗洗净，每叶节切一段，基部向下扦插在沙盘中。

4. 幼苗驯化管理

幼苗驯化管理主要控制光照、温度、水分、通气及病虫等，因为影响组培苗驯化的因素主要有温度、空气相对湿度、光照、苗的生理状况等。

5. "绿化"炼苗

（1）结合灌水施营养液：一般浓度为 0.15%～0.3%；

（2）逐渐加大光照度和光照时间。

6. 成苗管理

（1）及时供水。

（2）苗床温度。

（3）施肥。

（四）苗木传递与运输

（1）应选择便于运输的育苗方法和苗龄：若为裸根苗，运输时应注意保湿；穴盘育苗较好，便于运输。

（2）包装时应注意充分利用空间；运输工具最好选择带有调温、调湿装置的；苗木的运输适温一般为 9～18 ℃。

（3）运输前应确定具体启程日期，以便于及时进行种苗包装，运输时应注意快速、准时。

（五）苗木质量检验

苗木质量检验是为了保证苗木的质量和种植者的利益，也是制定苗木价格的依据。苗木质量检验指标主要包括商品性状（苗龄、农艺性状）、健康状况（不带病虫）、遗传稳定性（主要进行 DNA "指纹" 鉴定）。

任务四　成本核算与效益分析

一、成本核算的方法

甘肃农业大学曹孜义教授的《实用植物组织培养技术教程》一书中介绍了韩国商业性实验室一年生产 30 万株兰花的成本和利润，具体如表 5-3 所示。

表 5-3　韩国商业性实验室年产 30 万株兰花苗的成本和利润

项　　目		费用/美元	相对百分数/%
人员工资	主管 1 名	1 250×12 月=15 000	
	技术人员 2 名	813×2×12 月=19 512	
	临时工 4 名	313×4×4 月=5 008	
	工作用餐	10 500	
	工资总数	50 020	49.2
化学药品	琼脂	80 kg　2 350	
	胨	18 kg　2 025	
	活性炭	5 kg　425	
	乙醇	216 L　525	
	食用糖	144 kg　120	
	天然有机物	1 659	
	其他	1 250	
	化学药品总数	8 354	8.22
仪器和房屋折旧（房屋折旧和维修费）		25 672	24.95
电费		3 570	3.68

续表

项　　目	费用/美元	相对百分数/%
办公费	2 952	2.89
广告费	3 000	2.95
其他	4 500	7.47
合计	101 671	100
种苗费	37 500	
总支出	139 171	
每株苗成本费	139 171×300 000=0.464	
指甲兰	220 000×0.625=137 500	
其他兰花	80 000×0.844=67 500	
总销售收入	205 000	
利润=总销售收入-30万株的成本=20.50万-13.92万=6.583万		

从表 5-3 中可以看出，国外组培苗成本高，每株为 0.464 美元，但利润也高，每株赢利 0.219 美元。

现将国内各种植物组培苗的成本（见表 5-4）作简单介绍，仅供参考。

表 5-4　试管繁殖成本一览表

植物种类	商品类型	成本/株（人民币或美元）	时间
草莓	苗	0.05	1986 年
百合	鳞茎	$0.041	1978 年
花椰菜	小苗	$0.015 4	1978 年
蕨	苗	$0.01～0.14	1978 年
无花果	苗	$0.04～0.22	1978 年
铁树	苗	$0.05～0.14	1978 年
非洲香堇菜	苗	$0.10～0.14	1978 年
胶皮糖香树	苗	$0.123	1978 年
辐射松	苗	$0.5	1995 年
除虫菊	苗	$0.15	1981 年
槭树	苗	$0.123	1981 年
洋槐	苗	$0.123	1981 年
桉树	苗	$0.45	1981 年
康乃馨	苗	0.05	1982 年
葡萄	定植苗	0.546～0.64	1984 年
葡萄	脱毒苗	1.60～1.80	1998 年
大枣	苗	1.20～1.60	1998 年
黑穗醋栗	苗	0.038	1986 年

续表

植物种类	商品类型	成本/株（人民币或美元）	时间
草莓	苗	0.036	1986 年
君子兰	苗	0.15	1987 年
非洲菊	苗	0.20	1987 年
珠美海棠	定植苗	0.223	1990 年
兰花	苗	$0.463	1993 年
非洲菊	苗	$0.63	1993 年
灯台花	苗	$0.63	1993 年

二、效益分析

（一）成本核算

从表 5-3 中可以看出，劳动工资占成本的 49.2%。要降低成本，首先要提高经营者的管理水平和技术操作工的技术熟练程度，这样才能提高生产效率；如果转苗污染率高或炼苗成活率低，就会加大成本；另外，还可以看出设备条件和宣传广告成本占 41.9%。

组培室和炼苗室的加温、降温及人工补光照明、灭菌等成本很高，为降低成本要利用当地的自然条件；制作培养的药品占成本的 8.22%，为降低成本，可用食用糖代替蔗糖，琼脂要用物美价廉的琼脂粉或琼脂条。

（二）产销对路

一方面根据市场的需求，以销定产；另一方面引进畅销的名、特、新、优植物品种，快速增殖种苗，抢占市场，引导市场的需求，形成批量生产，降低成本，提高经济效益。

（三）规模生产，提高利润

在一定的条件下，植物组培生产规模越大，生产成本越低，利润越高。组培生产量小，基础设施的成本高，利润必然低。

总之，植物组培工厂化生产，一定要结合市场的需求情况，形成一定的生产规模，降低成本，提高利润，才能提高经济效益。

思考与练习

1. 在植物组培中降低成本，提高效益的措施有哪些？
2. 怎样对组培工厂的效益进行分析？

项目六 植物脱毒技术

任务一 植物脱毒的概念与意义

一、植物病毒病及其危害

（一）植物病毒病的定义

植物病毒病是指由植物病毒寄生而引起的病害。全世界已发现的植物病毒有 788 种。植物的病毒病原体可通过维管束传导，因此，对无性繁殖的植物来说，一旦感染上病毒之后，就会代代相传越趋严重。

（二）植物病毒病的症状

1. 变 色

植株叶片的叶绿素形成受阻或积聚，会产生花叶、斑点、环斑、脉带和黄化等。花朵的花青素也因此而改变，使花色变成绿色或杂色等，常见的症状为深绿与浅绿相间的花叶症，如烟草花叶病，如图 6-1 所示。

图 6-1 烟草花叶病

2. 坏 死

在植株叶片上常呈现坏死斑、坏死环和脉坏死，在茎、果实和根的表面常出现坏死条等，如香石竹坏死斑点病毒、凤仙花坏死斑点病毒等。

3. 畸 形

器官变形，如茎间缩短，植株矮化，生长点异常分化形成丛枝或丛簇，叶片的局部细胞变形出现疱斑、卷曲、蕨叶及带化等。

4. 萎 蔫

萎蔫主要是指植物根或茎的维管束组织受到破坏而发生供水不足所出现的凋萎现象。

（三）植物病毒的侵染特性

（1）有性生殖退化、仅用无性繁殖方法繁殖的植物，极易受病毒病的侵染。

（2）大多数植物病毒不经种子传播（专化性强的病毒除外）。

（3）病毒在生长旺盛的部位繁殖速度较慢。

（四）植物病毒的危害

目前，病毒病已成为世界作物生产中仅次于真菌病害的主要病害，是造成大田作物和园艺作物等的生活力、产量和品质下降，甚至造成植株大面积死亡的重要原因之一，给农业生产造成巨大的危害和损失。如草莓病毒，曾使日本草莓产量严重降低，品质大大退化，使生产几乎受到灭顶之灾；柑橘的衰退病曾经毁灭了巴西的大部分柑橘；花卉病毒的危害主要表现在球茎、宿根等花卉的严重退化上，致使花小而少，甚至畸形、变色，观赏价值大大下降。

目前，病毒危害已严重影响生产的有：大田作物，主要包括马铃薯、甘薯、甘蔗和烟草；蔬菜，主要包括白菜、大蒜、葱、番茄和萝卜；果树，主要包括柑橘、苹果、草莓和香蕉；花卉，主要包括香石竹、各种菊花、天竺葵、紫罗兰等；块根、块茎、鳞茎为繁殖器官的作物，主要包括大蒜、马铃薯和贝母，如表 6-1 所示。

表 6-1　危害园艺植物的病毒数目

植物种类	染病毒种类	植物种类	染病毒种类	植物种类	染病毒种类
菊花	19	矮牵牛	5	葡萄	26
康乃馨	11	马铃薯	17	樱桃	44
水仙	4	大蒜	24	无花果	5
唐菖蒲	5	豌豆	15	桃	23
风信子	3	百合	6	梨	11
月季	10	柑橘	23	草莓	24
天竺葵	5	苹果	36		

由于病毒复制与植物代谢密切相关，而且有些病毒的抗逆性很强，至今仍没有一种既能有效防治病毒病，又不伤害植物的特效药物。因此，通过组织培养来培育脱毒苗（也叫无病毒苗，指不含该种植物的主要危害病毒，即经检测主要病毒在植物体内的存在表现为阴性反应的苗木），无疑满足了农作物和园艺植物等生产发展的迫切需要。

二、植物脱毒的概念及意义

（一）植物脱毒的概念

所谓脱毒技术是指采用一定的方法除去植物体内的病毒，生产健康繁殖材料的技术。

（二）植物脱毒的意义

1. 能够有效地保持优良品种的特性

任何一种优良品种均需有一个稳定保存其遗传性状的繁殖方法。脱毒培养可以很好地保持品种的优良特性，是无性繁殖品种繁育的理想途径，如图 6-2 所示。

图 6-2　感染花叶病毒的芋（左）与脱毒芋（右）

2. 快速繁殖品种，使优良品种迅速应用

离体脱毒培养周期短、不受季节限制、繁殖系数高，繁殖速度是任何其他方法所不能比的。

3. 生产无病毒种苗，防止品种退化

受病毒危害严重的作物如下：大田作物主要有马铃薯、甘薯、甘蔗和烟草；蔬菜主要有白菜、大蒜、葱、番茄和萝卜；果树主要有柑橘、苹果、草莓和香蕉；花卉主要有香石竹、各种菊花、天竺葵和紫罗兰。将以上作物通过脱毒培养生产无病毒种苗，可防止品种退化。

4. 节约耕地，提高农产品的商品率

块根、块茎、鳞茎为繁殖器官的作物，每年产品用作留种的比例如下：大蒜的留种量占产量的 1/5 ~ 1/8；马铃薯的留种量占产量的 1/10；贝母的留种量占产量的 1/3。

5. 便于运输

常规的块根、块茎等体细胞大、含水量高，包装、运输十分不便。而脱毒离体繁殖的种苗体积小，易携带，运输十分方便。以马铃薯为例：按 4 000 株/667 m² 计算，常规薯 4 000 个重 200 kg，每个平均 50 g，而试管薯（见图 6-3）4 000 个则只有 2 kg，每个平均只有 0.5 g。

图 6-3　马铃薯试管薯

6. 其　他

植物脱毒技术不仅脱除了病毒，还可以去除多种真菌、细菌及线虫病害，使种性得以恢复，植株生长健壮，减少肥料和农药的施用量，降低生产成本，保护环境。

任务二　植物脱毒的原理与方法

一、植物脱毒的原理

（1）植物病毒本身不具有主动转移的能力：在一个植物体内，病毒容易通过维管系统而移动，但在分生组织中不存在维管系统。病毒在细胞间移动只能通过胞间连丝，速度很慢，难赶上活跃生长的茎尖。

（2）在旺盛分裂的分生细胞中，代谢活性高，竞争抑制了病毒的复制。

（3）在植物体内，可能存在着病毒钝化系统，它在分生组织中比其他任何区域具有更高的活性。

（4）在茎尖存在高水平内源生长素，也可能抑制病毒的增殖。

二、植物脱毒方法

（一）茎尖培养脱毒

1. 通过茎尖培养脱毒的原理

（1）病毒在植物体内的分布：植物体内部位不同，病毒浓度也不同，离尖端越远病毒浓度越高。茎尖、根尖顶端分生组织病毒浓度低，甚至不带病毒，并且茎尖、根尖无维管系统，病毒无法运动。

（2）茎尖大小与脱毒效果：茎尖外植体的大小与脱毒效果成反比关系，茎尖越大，脱毒效果越差。茎尖分生组织不能合成自身需要的生长素，但下部叶原基可以提供，因而带叶原基的茎尖生长快，成苗率高。顶端分生组织即生长点（最大直径 0.1 mm），也可以是带 1~3 个幼叶原基的茎尖（0.3~0.5 mm），最适合作外植体，脱毒效果最好。

2. 茎尖脱毒方法

（1）取样与消毒：可直接在选定的植株上采顶芽与侧芽进行消毒接种。消毒方法是剪取顶芽梢段或侧芽 3~5 cm，剥去大叶片，用自来水冲洗干净，在 75% 的酒精中浸泡 30 s 左右，再用 1%~3% 的次氯酸钠或 5%~7% 的漂白粉溶液消毒 10~20 min，最后用无菌水冲洗材料 4~5 次。

（2）茎尖剥离与接种：在双筒解剖镜下，用解剖刀尖剥去幼叶，露出生长点后，用刀尖切下带 1~2 个叶原基的生长点（0.3~0.5 mm），再用解剖针将切下的茎尖转接到培养基（一般通常采用半固体培养基，多选用 MS、White 和 Morel 培养基，培养基中加入 IAA、NAA、KT 或椰乳，适当配合 GA 可促进茎尖外植体的生长与分化，而应避免使用 2,4-D）上，顶部向上，每个试管可接 1~2 个茎尖。茎尖培养最好采用液体培养中的纸桥培养方法，利于外植体的通气、生根，并能消除固体培养基琼脂中杂质对茎尖生长和脱毒效果的不利影响。为防止茎尖失水，需用无菌水润湿滤纸。操作时注意随时更换滤纸和接种工具，剥取茎尖时切勿损伤生长点。

（3）培养：温度控制在（25±2）℃；湿度控制在 70%～80%；光照控制在 10～16 h/d（光照度为 1 500～5 000 lx）；60 d 左右，大茎尖再生出绿芽，0.1～0.2 mm 的小茎尖则需 90 d 以上，期间应更换培养基，提高 6-BA 浓度，可形成大量丛生芽。

（4）生根诱导：将 2～3 cm 的无根苗转入生根培养基（1/2MS+IBA 0.1～0.2 mg/L）继续培养 1～2 个月即可生根。

3. 影响脱毒效果的因素

（1）母体材料病毒侵染的程度：只被单一病毒侵染的植株脱毒较容易，而复合侵染的植株脱毒较难。

（2）起始培养的茎尖大小（见表 6-2 和 6-3）：一般取不带叶原基的生长点培养脱毒效果最好，带 1～2 个叶原基的茎尖培养大约可获得 40%的脱毒苗，而带 3 个以上叶原基的茎尖培养一般获得脱毒苗的频率就大大降低。通过二次茎尖培养，脱毒率可达 100%。

表 6-2　茎尖大小对马铃薯脱毒效果的影响

茎尖大小/mm	叶原基数	成苗数	脱毒株数	脱毒率/%
0.12	1	50	24	48.0
0.27	2	42	18	42.9
0.60	4	64	0	0

表 6-3　用于脱毒的适宜茎尖大小

植物	病毒名称	剥离茎尖大小/mm	植物	病毒名称	剥离茎尖大小/mm
马铃薯	马铃薯卷叶病毒	1.0～3.0	百合	花叶病毒	0.2～1.0
	马铃薯 Y 病毒	1.0～3.0	鸢尾	花叶病毒	0.2～0.5
	马铃薯 X 病毒	0.2～0.5	菊花	各种病毒	0.2～1.0
	马铃薯 G 病毒	0.2～0.3	康乃馨	各种病毒	0.2～0.8
	马铃薯 S 病毒	<0.2	大丽花	花叶病毒	0.6
甘薯	斑纹花叶病毒	1.0～2.0	大蒜	花叶病毒	0.3～1.0
	缩叶花叶病毒	1.0～2.0	甘蔗	花叶病毒	0.7～3.0
	羽毛状花叶病毒	0.3～1.0	草莓	各种病毒	0.2～1.0

（3）外植体的生理状态：一般来讲，顶芽的脱毒效果比侧芽好，生长旺盛季节的芽比休眠或快进入休眠的芽的脱毒效果好。另外，还应防止脱毒苗再度感染病毒。

（二）热处理脱毒

1. 热处理脱毒原理

热处理并不能杀死病毒，但一些病毒对热不稳定，在高于常温的温度下（35～40 ℃）钝化失活，使病毒在植物体内增殖减缓或增殖停止，失去传染能力。热处理作为一种物理效应可以加速植物细胞的分裂，使植物细胞在与病毒繁殖的竞争中取胜。

（1）温汤浸渍处理脱毒法：材料置于 50 ℃ 左右热水中浸渍几十分钟到数小时。其特点是简单易行，成本低，但易使材料受伤，适用于甘蔗、木本植物和休眠器官的处理。

（2）热空气处理脱毒法：将植物用 35～40 ℃ 的热空气处理 2～4 周或更长时间。其特点是损伤较小，操作简便，但需严格控制温度和时间，适用于大多数植物。

（3）热处理结合茎尖培养脱毒法：目前常采用将热处理和茎尖分生组织培养结合起来脱毒的方法。其特点是既可缩短热处理时间，提高植株成活率，又可剥离较大的茎尖，提高茎尖培养的成活率和脱毒率。适用于大多数植物，并可除去一般培养难以去除的纺锤块茎类病毒。

2．热处理脱毒的优缺点

（1）优点：方法简单，效果明显。

（2）缺点：①具有局限性，不能去除所有病毒，只对圆形病毒（苹果花叶病毒）或线状病毒（马铃薯卷叶病毒）有效，而对杆状病毒（千日红病毒）无效；②热处理后只有小部分植株能够存活，极易使植物材料受热枯死，造成损失；③延长热处理时间，病毒钝化效果好，同时也可能会钝化植物组织中的抗性因子而降低处理效果。

（三）愈伤组织培养脱毒

将感染病毒的组织离体培养获得愈伤组织，再诱导愈伤组织分化成苗，从而获得无病毒植株的方法，即愈伤组织培养脱毒法。经过多次继代的愈伤组织中病毒的浓度下降，甚至检测不出病毒。

部分愈伤组织细胞不带病毒可能有以下两方面的原因：一是愈伤组织细胞分裂增殖速度快，而病毒复制速度较慢，赶不上细胞的繁殖；二是愈伤组织发生了抗病毒突变。

（四）珠心胚培养脱毒

柑橘类种子为多胚种子，除具有合子胚外还有珠心胚，病毒一般不通过种子传播，故通过珠心胚培养获得的再生植株无病毒。珠心胚培养对柑橘鳞皮病、速衰病、裂皮病、脉突病等十分有效。

【知识拓展】

柑橘珠心胚培养：取花后约 7 周的幼果胚囊，接种在（25±2）℃ 黑暗条件下培养 30 d，再转光培养，光照时间 12 h/d，光照度为 1 000 lx。3～4 周发生球形胚和愈伤组织，9～10 周分化子叶，苗高 3 cm 左右移植到营养钵蛭石基质中培养，7 周左右移栽到土中。

（五）微尖嫁接脱毒

微尖嫁接脱毒是指在人工培养基上培养实生砧木，嫁接无病毒茎尖（0.14～1.0 mm，带 3～4 个叶原基），以培养脱毒苗的技术。微尖嫁接脱毒主要应用于茎尖脱毒培养生根困难、不能形成完整植株的柑橘、苹果、桃等。茎尖来源主要有成年无病毒植株的茎尖、热处理（应用最广）或温室培养植株的茎尖、脱毒试管苗茎尖等。

微茎尖脱毒的主要程序：无菌砧木培养→茎尖准备→嫁接→嫁接苗培养→移植。

（1）砧木培养：新鲜果实种子去种皮后接种于 MS 无激素的培养基上，在（25±2）°C 黑暗条件下培养 2 周，再转光培养。

（2）茎尖准备：茎尖取热处理的植株茎尖，消毒和剥取同"茎尖培养脱毒"。

（3）嫁接：取砧木，切去过长的根，切顶留 1.5 cm 左右的茎。在砧木附近顶处一侧切一"U"形切口达形成层，用刀尖挑去切口部皮层。将茎尖移置砧木切口部，茎尖切面紧贴切口横切面。

（4）嫁接苗培养：一般采取液体纸桥培养。先在纸桥中开一小孔，将砧木的根通过小孔植入液体培养基，按常规光照培养管理。开始低光照（光照度为 800～1 000 lx），长出新叶后提高光照度。

（5）移栽：培养 3～6 周，当有 2～3 叶时按一般试管苗移植的方法移入蛭石、河沙、椰壳等基质中培养。

任务三　脱毒苗的鉴定、保存与繁殖

一、脱毒苗的鉴定

（一）直接检查法

直接观察待测植株生长状态是否异常，茎叶上有无特定病毒引起的可见症状，从而可判断病毒是否存在。

（二）指示植物法

指示植物法是指将一些对病毒反应敏感、症状特征显著的植物作为指示植物（鉴别寄主），用以检验待测植物体内特定病毒存在的方法。

该方法的特点：条件简单，操作方便，经济而有效，只能测出病毒的相对感染力，不能测出病毒总的核蛋白浓度，是传统的植物病毒检测方法，如表 6-4 和 6-5 所示。

表 6-4　一些常见病毒病引起的可见病症

症状	病毒病名称	症状	病毒名称
褪绿、黄化	小麦黄矮病	斑点	十字花科黑斑病
花叶、斑驳	烟草花叶病、菜豆花叶病、黄瓜花叶病	猝倒、立枯	棉花立枯病、瓜苗猝倒病、水稻烂秧病
溃疡	杨树溃疡病、柑橘溃疡病、番茄溃疡病	萎蔫	棉花枯萎病、茄科植物青枯病
枯死	马铃薯晚疫病、水稻白叶枯病	矮化	玉米矮化病、泡桐丛枝病、小麦丛矮病
穿孔	桃细菌性穿孔病	徒长	水稻恶苗病
疮痂	柑橘疮痂病、梨黑星病、马铃薯疮痂病	卷叶	马铃薯卷叶病

表 6-5　几种马铃薯病毒的指示植物及表现症状

病毒种类	指示植物	表现症状
马铃薯 X 病毒（PVX）	千红日、曼陀罗、辣椒、心叶烟	脉间花叶
马铃薯 S 病毒（PVS）	苋色藜、千日红、曼陀罗、昆诺阿藜	叶脉深陷，粗缩
马铃薯 Y 病毒（PVY）	野生马铃薯、洋酸菜、曼陀罗	随品种而异，有轻微花叶或粗缩，敏感品种反应为坏死
马铃薯卷叶病毒（PLRV）	洋酸菜	叶尖呈浅黄色，有些品种呈紫色或红色

1. 草本指示植物鉴定

（1）汁液涂抹法：取被鉴定植物幼叶 1 ~ 3 g，加 10 mL 水及少量 0.1 mol/L 磷酸缓冲液（pH7.0）磨成匀浆。在指示植物叶上涂一薄层 500 ~ 600 目的金刚砂，用脱脂棉球蘸匀浆在叶片上轻轻摩擦，以汁液进入叶片表皮细胞又不损伤叶片为度。5 min 后，以清水冲洗叶面多余匀浆和金刚砂。接种后的指示植物置防虫网室内适宜温度下，数天至几周后观察指示植物，若汁液带病毒即可出现症状。

（2）小叶嫁接法：取被鉴定植物小叶嫁接到指示植物（砧木）叶上，根据被嫁接指示植物叶上有无病毒症状，鉴定待测植物病毒，常用劈接法。若待测植物有病毒，嫁接后 15 ~ 25 d 就会产生症状。

2. 木本指示植物鉴定（嫁接法）

（1）直接嫁接法：直接在指示植物上嫁接待检植株的芽片。该方法费时，需要几年的时间。

（2）双重芽嫁接法：先将指示植物的芽嫁接到实生砧木的基部距地面 10 ~ 12 cm 处，再在接芽下方嫁接待检植物的芽，两芽相距 2 ~ 3 cm。成活后剪去指示植物芽上部砧木。夏秋季节进行芽接，次年即可观察到结果。

（3）双芽嫁接法：在休眠期剪取指示植物和待检植物的接穗，萌芽前分别把带有两个芽的指示植物接穗与待检植物接穗同时切接在实生砧木上，指示植物接穗接在待检植物接穗上方。各种植物病毒种类各异，指示植物繁多，表 6-6 仅列举了部分常用指示植物。

表 6-6　部分病毒的木本指示植物及相应症状

病毒种类	木本指示植物	表现症状
苹果褪绿叶斑病毒	苏俄苹果	叶片出现褪绿斑点，叶小，植株矮化，长势弱
苹果茎痘病毒	司派 227 或光辉	叶片反卷，植株矮化，皮层坏死
苹果茎沟病毒	弗吉尼亚小苹果	植株矮小，接合部内有深褐色坏死环纹，木质部产生深褐色纵向条沟
苹果花叶病毒	兰蓬王、红玉和金冠	叶片上产生黄斑、沿叶脉条斑
苹果锈果类病毒	国光	叶和茎秆上产生锈斑、坏死斑
葡萄扇叶病毒 葡萄茎痘病毒	沙地葡萄圣乔治	叶片出现褪绿斑点、线纹斑及环斑，局部坏死，畸形；叶脉间出现星状透明斑
葡萄卷叶病毒	欧亚种葡萄	叶片下卷、叶脉间变红
葡萄茎沟病毒	Kober 5BB	仅在 Kober5BB 上会产生茎沟

病毒种类	木本指示植物	表现症状
葡萄栓皮病毒	LN33	节间肿大，部分叶片背面出现栓皮
葡萄金黄病毒	Baco 22A	植株矮化，叶片下卷、黄化
葡萄脉坏死病毒	110R	叶片背面沿叶脉出现坏死斑，卷须和嫩梢坏死
葡萄脉斑驳病毒	河岸葡萄	褪绿斑，沿脉斑驳，叶片畸形
柑橘碎叶病毒	腊斯克枳橙、特洛亚枳橙、卡里佐枳橙和厚皮来檬	新叶上出现叶片扭曲，叶缘残缺呈破碎状

3. 抗血清鉴定法

（1）原理：通过植物病毒的抗原与抗体的专化结合，形成可见反应而加以判断。由于植物病毒抗血清具有高度的专化性，受体植物无论显、隐症，无论是何种传播介质，均可通过抗血清反应法准确判断病毒是否存在，进行病毒的快速诊断。该方法特异性高，测定速度快，几小时甚至几分钟就可以完成，是植物病毒鉴定中最有用的方法之一。

（2）方法。①叶绿体凝集法：采用待检测植物叶片提取液与专一抗血清发生凝结反应检测植物病毒，如烟草花叶病毒、马铃薯 Y 病毒等长形病毒。②块茎沉淀法（试管沉淀法）：各种稀释的抗血清与病毒抗原在小试管中混合反应而产生沉淀，是常用的病毒检测方法之一。长形病毒形成絮状沉淀，球形病毒形成浓密粒状沉淀。③环形接口法：在毛细管或细长玻管中，抗原抗体通过扩散结合。病毒抗原位于上部呈层状，少量抗血清向毛细管渗入，至达到足够的抗原/抗体比率时，在该区域产生可见沉淀物。该方法简单、快速。④酶联免疫法（ELISA）：也叫酶联免疫吸附分析法，该方法灵敏度高、特异性强，能同时进行多个样品的快速测定，是近年来抗血清鉴定方法中发展最迅速、应用最广的技术。其原理是用化学处理方法将酶与抗体或抗原结合，制成酶标抗体或抗原，这些酶标记物保持其免疫活性，能与相应抗体或抗原特异结合形成酶标记免疫复合物，遇相应底物时，免疫复合物上的酶催化无色的底物，降解生成有色产物或沉淀物，前者可用比色法定量测定，后者可肉眼观察或通过光学显微镜识别。

4. 分子生物学鉴定

（1）双链 RNA 法（dsRNA）：通过提取纯化待测植物 RNA，并对其进行电泳分析，可确定 dsRNA 存在，从而判断待检植物是否带病毒。

（2）互补 DNA（cDNA）检测法：也叫 DNA 分子杂交法，指用互补 DNA（cDNA）检测病毒的方法。根据碱基互补原理，人工合成能与病毒碱基互补的 DNA（cDNA）即 cDNA 探针，用 cDNA 探针与从待检植物中提取的 RNA 进行 DNA-RNA 分子杂交，检测有无病毒 RNA 存在，从而确定植物体内有无该病毒。合成 cDNA 时，采用同位素标记。因而检测结果可通过放射自显影显示在图像上，直观、准确。

5. 电镜检测法

运用电子显微镜可直接检测待检植物体内有无病毒粒体存在，并根据所观察病毒的形态等对病毒种类进行鉴定。完全成熟的病毒叫病毒粒体，有固定形态和大小。病毒粒体的形态有杆状、线状、球状 3 种。杆状与线状病毒有平头和圆头的，又分别叫杆菌状和弹状病毒，不同形态的病毒大小也不相同。

电镜检测法要求制备超薄切片，具体方法如下：取待检植物鲜叶，依次用 2% 的戊二醛（4~12 h）和 2% 的锇酸固定，乙醇系列脱水，环氧乙烷与树脂浸透，树脂包埋，最后在显微镜下切片，超薄切片厚度约 20 nm。将切片置铜载网上用透射电镜观察、拍照，应注意观察维管束有无病毒粒子。检测病毒悬浮液需采用扫描电镜、投影法、背景染色法等，这些是较为先进的方法，但需一定的设备和技术。

二、脱毒苗的保存

通过不同脱毒方法所获得的脱毒植株，经鉴定确系无特定病毒者，即无病毒原种。无病毒植株并不是有额外的抗病性，它们有可能很快又被重新感染，所以一旦培育得到无病毒苗，就应很好保存，这些原种或原种材料保管得好，可保存利用 5~10 年。

（一）隔离保存

避免脱毒苗再次感染病毒，脱毒苗需隔离保存，最好将无病毒母本园建立在相对隔离的山上，通常无病毒苗应种植在 300 目（网眼为 0.4~0.5 mm 大小的网纱）的隔虫网内，也可用盆钵栽。栽培用的土壤也应进行消毒，周围环境也要整洁，并应及时喷施农药防治虫害，以保证植物材料在与病毒严密隔离的条件下栽培。

（二）长期保存

将无病毒苗原种的器官或幼小植株接种到培养基上，低温下离体保存，是长期保存无病毒苗及其他优良种质的方法。

1. 低温保存

茎尖或小植株接种到培养基上，置于低温（1~9 ℃）、低光照下保存。低温下材料生长极缓慢，只需半年或一年更换培养基，此法也叫最小生长法。国内外研究者对不同植物材料进行低温或低光照保存，取得了良好的效果，如表 6-7 所示。

表 6-7　几种植物低温离体保存的效果

植物	材料类别	保存条件	保存时间/年	作者及发表时间
草莓	脱毒苗	4 ℃，每 3 个月加几滴营养液	6	Glazy，1969 年
葡萄	分生组织再生植株	9 ℃，低光照，每年继代 1 次	15	Mullin 等，1926 年
苹果	茎尖	1~4 ℃，不继代	1	Gatherine 等，1979 年
四季橘	试管苗	15~20 ℃，1 000 lx 弱光	5	陈振光，1980 年

2. 冷冻保存（超低温保存）

用液氮（-196 ℃）保存植物材料的方法称为冷冻保存。

（1）材料选择：材料的形态与生理状况显著地影响其冷冻后的存活力。处于旺盛分裂阶段的分生组织细胞，其细胞质浓、核大，冷冻后存活力较高。而已具有大液泡的细胞抗冻力弱，在冷冻与解冻时较易受害。幼苗和茎尖同胚状体细胞相比，更易受到冷冻伤害。因此，选择适当的材料并进行预处理是必要的。

（2）预培养：培养基中添加二甲亚砜（DMSO）、山梨糖醇、ABA或提高蔗糖浓度，将材料置于其中进行短时期预培养，可提高其抗冻力。实验证明，马铃薯茎尖在含5%的DMSO的培养基上预培养48 h，其冷冻后的存活率高而且稳定；不经预培养（至少48 h）的茎尖，冷冻后不能再存活。

（3）冷冻防护剂预处理：在材料冷冻期间，细胞脱水会导致细胞内溶质的浓度在原生质体冻结之前增加，从而造成毒害。为避免这种"溶液效应"产生的毒害，需采用冷冻保护剂预处理。常用冷冻保护剂有DMSO、甘油、脯氨酸、可溶性糖、聚乙二醇（PEG）等，以DMSO（5%~8%）效果最好。对玉米和某些悬浮培养细胞，则以培养基中补加脯氨酸（10%）效果最好。处理方法：一般是将冷冻保护剂在30~60 min内加入冷冻混合物，使保护剂充分渗透到材料中。冷冻保护剂可降低细胞中盐的浓度，同时能防止细胞内大冰晶的形成，并减少冷冻对细胞膜的伤害。

（4）冷冻。

①快速冷冻法：将预处理后的材料直接放入液氮内，降温速度为1 000 ℃/min以上。由于降温速度快，使细胞内的水迅速越过-140 ℃这一冰晶形成临界温度（细胞内产生可致死的冰晶的温度），而形成"玻璃化"状态，避免了对细胞的伤害。快速冷冻法适于液泡化程度低的小型材料。

②慢速冷冻法：将材料以0.1~10 ℃/min的降温速度由0 ℃降至-100 ℃左右，再转入液氮中，迅速冷冻至-196 ℃。在前一阶段慢速降温过程中，细胞内的水有足够的时间渗透到细胞外结冰，从而减少了胞内结冰。慢速冷冻法适于含水量较高，细胞中含大液泡的材料。

③分步冷冻法（也叫前冻法）：将材料以0.5~4 ℃/min的降温速度缓慢降至-30~-50 ℃，在此温度下停留约30 min，转入液氮迅速冷冻。也可将材料以5 ℃/min的速度逐级冷却停留，至中间温度后再速冻。在前期慢冷过程中，细胞外首先结冰，细胞内水向冰晶聚集，减少了胞内可结冰水的含量。这一方法适于茎尖和芽的保存，草莓茎尖速冻存活率为40%~60%，而分步冷冻后存活率提高到60%~80%。

④干燥冷冻法：将材料置于27~29 ℃烘箱中（或真空中）干燥，待含水量降至适合程度后，再浸入液氮冷冻。脱水后的材料抗冻力增加，脱水程度合适的材料（如脱水至27%~40%的豌豆幼苗）在-196 ℃冷冻后可全部存活。不同植物材料适宜的脱水程度不同，可通过脱水时间加以控制。

⑤解冻：宜采用迅速解冻方法，即把-196 ℃下贮藏的材料投入37~40 ℃温水中，使其快速解冻（解冻速度为500~750 ℃/min），约1.5 min后把材料转入冰槽。如果室温下缓慢解冻，细胞内可重新出现结冰，造成材料死亡。已解冻的材料洗涤后再培养，可重新恢复生长。

三、脱毒苗的繁殖

（一）脱毒苗的繁殖方法

1. 嫁接繁殖

从通过鉴定的无病毒母本植株上采集穗条，嫁接到实生砧木上。嫁接时间不同，嫁接方式也不同，春季多用切接、夏秋季采用腹接。嫁接技术和嫁接后管理与普通植株的嫁接相同，但嫁接工具必须专用，并单独存放。柑橘、苹果、桃等木本植物多采用嫁接繁殖，如图 6-4 所示。

图 6-4 嫁接繁殖

2. 扦插繁殖

硬枝扦插应于冬季从无病毒母株上剪取芽体饱满的成熟休眠枝，经沙藏后，于次年春季剪切扦插，如图 6-5 所示。绿枝扦插在生长季节 4～6 月进行，从无病毒母株上剪取半木质化新梢，剪成有 2～3 节带全叶或半叶的插条扦插。扦插后注意遮阳保湿。

图 6-5 扦插繁殖

3. 压条繁殖

将无病毒母株上 1～2 年生枝条水平压条，土壤踩实压紧，保持湿润，压条上的芽眼萌动长出新梢后，不断培土，至新梢基部生根，如图 6-6 所示。

4. 匍匐茎繁殖

一些植物的茎匍匐生长，匍匐茎上芽易萌动生根长成小苗，如草莓（见图 6-7）、甘薯。用于繁殖的脱毒母株应稀植，留足匍匐茎伸展的地面。管理重点是防虫、摘除花序、除草、打老叶。子苗（生产用脱毒苗）出圃前假植 40～50 d，有利于壮苗和提高移栽成活率。

图 6-6 压条繁殖

图 6-7 草莓的匍匐茎繁殖

5. 微型块茎（根）繁殖

从无病毒的单茎苗上剪下带叶的叶柄，扦插到育苗箱砂土中，保持湿度，1~2 月后叶柄下长出微型薯块，即可用作种薯。

（二）脱毒苗繁育生产体系

为确保脱毒苗的质量，推进农作物无病毒化栽培的顺利实施，建立科学的无病毒苗繁育生产体系是非常必要的。我国农作物无病毒苗繁育生产体系归结为以下模式：

国家级（或省级）脱毒中心→无病毒苗繁育基地→无病毒苗栽培示范基地→作物无病毒化生产。

脱毒中心负责脱毒、无病毒苗原种鉴定与保存及提供无病毒母株和穗条；无病毒苗繁育基地将无病毒母株（或穗条）在无病毒感染条件下繁殖生产为无病毒苗；无病毒苗栽培示范基地负责进行无病毒苗栽培的试验和示范，在基地带动下实现作物无病毒化生产。

在我国，作物无病毒苗的培育已在多种果树、蔬菜、花卉、粮食作物与经济作物上取得了显著成效。苹果、柑橘、草莓（脱毒苗产量增加了 22%）、香蕉、葡萄、枣、马铃薯、甘薯、大蒜、兰花、菊花、水仙、康乃馨等一大批无病毒苗被应用于生产。只要加强研究与管理，进一步规范无病毒苗的生产与应用，病毒病这一制约作物生产的难题就能尽快得到解决。

思考与练习

1. 植物茎尖脱毒培养的技术原理是什么？其影响因素有哪些？
2. 热处理脱毒的原理是什么？
3. 如何利用指示植物法进行脱毒苗的鉴定？
4. 写出我国的脱毒苗繁育生产体系。
5. 我国脱毒马铃薯生产现状如何？
6. 脱毒苗如何进行保存和繁殖？

项目七　植物组织培养实例

任务一　农作物的组织培养技术

植物组织培养技术在农作物上主要应用于育种和良种繁育方面，其次应用于无性繁殖作物的脱毒、快速繁殖以及种质的保存方面。

一、小麦的组织培养技术

小麦（*Triticum aestivum*，见图 7-1）是小麦系植物的统称，为被子植物门、单子叶植物纲、禾本目、禾本科、小麦属的植物。小麦是三大谷物之一，是一种在世界各地广泛种植的禾本科植物。小麦起源于中东新月沃土（Levant）地区，是世界上最早栽培的农作物之一。在中国种植面积仅次于水稻，是中国人民的主要粮食作物之一。小麦磨成面粉后可制作面包、馒头、饼干、面条等食物；发酵后可制成啤酒、酒精或生物质燃料。小麦富含淀粉、蛋白质、脂肪、矿物质、钙、铁、硫胺素、核黄素、烟酸、维生素 A 及维生素 C 等。

图 7-1　小麦

（一）外植体选择

在小麦的组织培养中，几乎各种器官、组织均曾被用作外植体进行离体培养，如小麦的根、幼叶、种子、顶端分生组织、花药、原生质体、幼穗、成熟胚以及幼胚等。其中，研究最多的是小麦幼胚作为外植体进行离体培养。

小麦幼胚愈伤组织诱导率很高，通过对愈伤组织的直接或间接筛选，可以发生定向变异，主要体现在农艺性状（如株高等）、抗性和品质方面，故小麦幼胚培养主要体现在新品种的选育上。

（二）无菌外植体的获得

取开花后 14～20 d 的小麦幼穗，剥出种子，用 70% 的酒精消毒 2 min，再用 0.1% 的 $HgCl_2$ 溶液浸泡消毒 20 min，用无菌水冲洗 4～6 次，无菌条件下用镊子和解剖针将幼胚取出，幼胚大小为 1～1.5 mm，盾片向下接种。

（三）培养基及温光条件

基本培养基为 MS；芽簇块诱导培养基为① MS+2，4-D 0.8 mg/L；芽簇块增殖培养基为②MS+2，4-D 0.2～0.4 mg/L；芽簇块成苗培养基为③MS+KT 1.0 mg/L+IAA 0.1 mg/L。

上述培养基均加蔗糖3%，琼脂0.6%，pH 为5.8。诱导和成苗均在光照下进行，光周期为16 h 光/8 h 暗，光照度控制在1 000～1 500 lx，培养温度为（28±1）℃。

（四）芽簇块诱导与增殖

将外植体幼胚接种到培养基①上培养，幼胚先产生淡黄色致密的类似愈伤组织的结构，随后在该结构的表面出现大量绿色微芽点，培养14 d 后，芽点逐渐长成芽簇块。将诱导出的芽簇块分割成小块，转接到增殖培养基②上，培养30 d 后，培养基上芽簇块的微芽大多已成苗。

（五）芽簇块成苗生根

将增殖培养基②上的芽簇块分割成5 mm 左右的小块，接种于成苗培养基③上，培养21 d 后，可100%成苗，生根效果好，每个成苗的微芽基部都有根，每芽簇块平均成苗数为4.4 个，每簇平均生根数4.2 个，生根率96.7%，且长成的苗可直接移栽。

二、水稻的组织培养技术

水稻（*Oryza sativa*，见图7-2）为被子植物门、单子叶植物纲、禾本目、禾本科、稻属的植物，也是稻属中作为粮食的最主要、最悠久的一种，又称为亚洲型栽培稻。水稻原产亚洲热带，在中国广为栽种后，逐渐传播到世界各地。按照不同的方法，水稻可以分为籼稻和粳稻、早稻和中晚稻、糯稻和非糯稻。水稻所结子实即稻谷，稻谷（粒）去壳后称大米、香米、稻米。水稻不仅是世界上最重要的粮食作物之一，也是我国主要的粮食作物。全世界有近一半的人口以稻米为食。大米的食用方法多种多样，有米饭、米粥、米饼、米糕、米酒等。水稻除可食用外，还可以酿酒、制糖、作工业原料，稻壳、稻秆还可作为饲料。我国水稻主产区在东北地区、长江流域和珠江流域。

图7-2 水稻

（一）外植体选择

水稻的组织培养中，外植体主要有花药和成熟胚。

水稻花药离体培养作为一种新的育种手段，在水稻育种中得到了广泛应用。我国是世界上首先将水稻花药培养品种应用于生产的国家，现已育成一批优质高抗的水稻优良品种，并取得了较好的经济效益和社会效益。花药培养诱导出的单倍体，表现出双亲性状的各种重组类型，通过自然加倍或人工加倍，可以在当代获得稳定的纯合二倍体，大大加快了育种速度。

（二）无菌外植体的获得

穗子保留 2 片叶片，用 75%的酒精清洁表面后，用无菌水冲洗 3 次，然后在 8 ℃ 的低温下处理 7~10 d。挑选花粉母细胞处于单核中晚期的小穗，先用 1%的 NaClO 灭菌 15 min，再用 3%的 H_2O_2 灭菌 10 min，用无菌水冲洗 3~4 次，取花药为外植体以供接种用。

（三）培养基及温光条件

1. 诱导培养基

① N_6+6-BA 0.5 mg/L+NAA 2.0 mg/L+PAA（苯乙酸）10.0 mg/L+0.25% gelrite+5.4%麦芽糖。

2. 分化培养基

② MS+6-BA 1.0 mg/L+NAA 0.5 mg/L+0.25% gelrite+3%蔗糖。

上述培养基①、②增加谷氨酰胺 500 mg/L、水解酪蛋白 500 mg/L、脯氨酸 100 mg/L，pH 调至 5.8。培养温度为（25±1）℃，光照时间为 16 h/d，光照度为 2 000 lx。

（四）愈伤组织诱导及分化成苗

将灭过菌的花药接种到培养基①中，在（25±1）℃ 的温度条件下进行暗培养。愈伤组织诱导率和分化率变化范围分别为 10.5%~34.9%和 15.6%~46.6%。当愈伤组织长至 1~2 mm 时，转至分化培养基上光照培养，光照度为 2 000 lx，光照时间 16 h/d。诱导愈伤组织可以不更换培养基，先在愈伤组织表面形成绿点，然后从绿点分化出芽，进而长成植株。

一般花药接种后 30~40 d 内开始出现绿芽点，然后芽尖迅速生长，经 15~20 d 即可长成 8 cm 以上的小植株。再生植株绝大多数具有发达的根系，因而可直接移栽到土壤中。接种 45 d 后，尚未在诱导培养基上分化的愈伤组织转移到分化培养基②上，它们能在分化培养基②上分化成苗。花药接种后 40~60 d，在浓度为 40 mg/L 的 PAA 中诱导花药愈伤组织直接再生小植株，可进一步提高植株的再生率。

水稻花药培养的成苗率低长期以来是个难题。籼稻花药培养的难度尤为突出。传统的培养方法一般包含两个培养阶段，即高生长素培养基上的去分化阶段和高细胞分裂素培养基上的再分化阶段。近年来，国内外科学家正致力于建立一种更为简便、快速、高效、一步成苗的培养方法，即用同一种培养基实现愈伤组织诱导和分化而直接成苗获得再生植株。研究发现，采用 PAA 和 6-BA、NAA 配合能有效诱导水稻花药愈伤组织直接分化成苗，对于籼稻效果尤为明显，并且 PAA 的浓度效应实验还发现 PAA 具有很大的诱导直接成苗的潜力，为研究水稻花药培养，促进高频率直接成苗的新途径奠定了基础。

三、玉米的组织培养技术

玉米（*Zea mays*，见图 7-3）为被子植物门、单子叶植物纲、禾本目、禾本科、玉蜀黍属一年生草本植物。玉米是世界上分布最广泛的粮食作物之一，种植面积仅次于小麦和水稻而居第三位，是全世界总产量最高的粮食作物。玉米在中国的播种面积很大，分布也很广，是中国北方和西南山区及其他旱谷地区人民的主要粮食之一。中国年产玉米占世界第二位，其次是巴西、墨西哥、阿根廷。玉米味道香甜，可做各式菜肴。此外，玉米可用于生产乙醇，对于解决当前世界能源危机有着重要意义。

图 7-3　玉米

（一）外植体选择

茎尖、幼穗、花药、叶片、未成熟合子胚、成熟胚及其胚根、胚轴等材料均可作为玉米组织培养的外植体。

（二）无菌外植体的获得

为获得无菌种子苗，把玉米种子先在 70% 的酒精中清毒 8～10 min，然后在 0.1% 的 $HgCl_2$ 溶液中消毒 10 min，用无菌水冲洗 4～5 次，选健壮种子接种于 MS 培养基①上，置于 25 ℃ 下促其萌发，7～8 d 后形成无菌苗。待幼苗伸长至 3～5 cm 时，剥去其胚芽鞘及 2～3 片幼叶，取自上胚珠基部至顶端分生组织 2～3 mm 的茎尖为外植体以供接种。

（三）培养基及温光条件

基本培养基为 MS；种子萌发培养基：① MS；胚性愈伤诱导培养基：② MS+6-BA 1.0 mg/L+2,4-D 0.2 mg/L+水解酪蛋白（CH）500；分化培养基：③ MS+6-BA 0.5～1.0 mg/L+IBA 0.4 mg/L+水解酪蛋白（CH）500；生根培养基：④ MS+IBA 0.8 mg/L。

上述培养基均加蔗糖 3%，琼脂 0.7%，pH 为 5.8～6.0。培养温度为（25±1）℃，光照时间为 16 h/d，光照度为 2 000 lx。

（四）胚性愈伤组织诱导

取灭过菌的玉米茎尖 2～3 mm 垂直接种到诱导培养基②上，6～8 d 时，芽尖生长点周围出现不规则膨大，愈伤组织开始形成，随着愈伤组织不断产生，芽尖及其周围部分的体积逐渐增加，这时及时去掉茎尖生成的幼叶，否则会抑制愈伤组织的生长。培养 1 个月左右，产生的愈伤组织一般呈现鹅黄色，表面较光滑或具有表皮毛，较坚硬，难以被镊子夹碎。因此，继代培养时需用解剖刀切割分块，去掉没有愈伤组织分化的上胚珠基部，然后将愈伤组织块接种于继代培养基上即诱导培养基②上，并使切口处向下，7～8 d 后，肉眼可见愈伤组织开始增殖。

（五）丛生芽的诱导

将胚性愈伤组织转移到分化培养基③上，20 d 后，愈伤组织块表面即可形成肉眼可见的密集丛生芽群。

（六）生根与移栽

在解剖镜下仔细分离幼芽，转移到分化培养基③上，再生长 7～10 d，然后转移到生根培养基④上，光照 2～3 周，于 25 ℃ 条件下即可得到生根苗。将生根苗移栽于蛭石中，培养 2 周后，即可定植于大田。

四、甘薯的组织培养技术

甘薯（*Ipomoea batatas*，见图 7-4）为被子植物门、双子叶植物纲、茄目、旋花科、番薯属一年生草本植物。甘薯原产热带美洲，主要产区分布在北纬 40°以南。栽培面积以亚洲最多，非洲次之，美洲居第 3 位。甘薯在 16 世纪末从南洋引入中国，在中国分布很广，以淮海平原、长江流域和东南沿海各省最多。甘薯块根中含有 60%～80% 的水分、10%～30%的淀粉、5% 左右的糖分及少量蛋白质、油脂、纤维素、半纤维素、果胶、灰分等，且甘薯中蛋白质组成比较合理，必需氨基酸含量高。此外，甘薯中含有丰富的维生素（胡萝卜素，维生素 A、B、C、E），其淀粉也很容易被人体吸收。甘薯的块根可供食用、酿酒或作饲料。

图 7-4　甘薯

（一）外植体选择

甘薯的叶片、花药、块茎顶芽等均可作为外植体进行组织培养，但以甘薯茎尖为外植体进行组织培养居多。

（二）无菌外植体的获得

用甘薯的薯块进行催芽，取其顶端部分 3 cm 左右，剪去用肉眼能看见的叶片，用清水洗净。将洗净后的顶端，置于 2% 的次氯酸钠溶液中消毒 8 min，在 70% 的酒精中浸泡 10 s，再用 0.1%的 HgCl$_2$ 溶液消毒 10 min，用无菌水冲洗 4～5 次，在解剖镜下无菌操作切取带有 1～2 个叶原基、大小在 0.2～0.5 mm 的茎尖分生组织作为外植体以供接种用。

（三）培养基及温光条件

基本培养基为 MS；茎尖培养基为①MS+6-BA 0.1 mg/L+IAA 0.2 mg/L；②1/2MS+GA$_3$

0.5 mg/L；生根培养基为③1/2MS+IBA 0.5～1.0 mg/L+GA$_3$ 0.4 mg/L。

上述培养基均加蔗糖 3%，琼脂 0.7%，pH 为 5.8～6.0。培养温度为（26±1）℃，光照时间为 14 h/d，光照度为 2 000 lx。

（四）茎尖培养

将灭过菌的茎尖接种到培养基①中，待茎尖生长变绿并适当愈伤化，转移到培养基②中，使之生根进一步分化成苗。将分化的芽苗转移至培养基③中，3 d 后，茎尖开始膨大，有大量愈伤组织形成，且生长迅速，6 d 左右直径达到 0.2～0.4 cm，随即出现新根，8 d 后，达到生根高峰，接着芽开始生长。随着根系生长迅速，根数增多，一般为 3～5 条，且健壮粗大，因而植株生长速度相对较快。接种约 15 d 后，部分植株的叶片可达 5～7 片，根 3～4 条。采用加入 GA$_3$ 的茎尖培养基（有刺激器官伸长的作用），使有些发育不良的茎芽继续生长，较容易生成完整植株。

（五）炼苗移栽

待苗长至 3～4 cm，具有 4～5 片叶时便可移栽，把试管苗在温室中炼苗（见图 7-5）1 周后，取出小苗，洗净根部培养基，栽在蛭石、河沙、腐殖土混合的基质中（见图 7-6），压紧根部，浇透水，注意盖膜保湿、保温，其间可用 1/2MS 营养液和 0.2%的 KH$_2$PO$_4$ 叶面喷肥促苗生长。

图 7-5　甘薯炼苗

图 7-6　甘薯移栽

五、马铃薯的组织培养技术

马铃薯（*Solanum tuberosum*，见图 7-7）为被子植物门、双子叶植物纲、管状花目、茄科、茄属一年生草本植物。马铃薯原产于南美洲安第斯山地的高山区，其主要生产国有中国、俄罗斯、印度、乌克兰、美国等，中国是世界上马铃薯总产量最多的国家。马铃薯是全球第三大重要的粮食作物，仅次于小麦和玉米。马铃薯是一种粮菜兼用型的蔬菜，与稻、麦、玉米、高粱一起被称为全球五大农作物。马铃薯含有丰富的维生素 A 和维生素 C 以及矿物质，优质淀粉含量约为 16.5%，还含有大量木质素等，被誉为人类的"第二面包"。

（一）外植体选择

马铃薯的块茎可作为茎尖培养的外植体。

（二）无菌外植体的获得

取优良单株马铃薯休眠块茎数个，洗净后进行催芽。用 GA$_3$ 溶液浸泡 24～36 h，然后进行热处理。热处理的具体方法如下：把催芽的块茎从恒温箱内取出，放入光照培养箱内进行热处理，前 3 d 培养温度为 35 ℃，之后调整为 35～37 ℃，光照时间为 12 h/d，光照度为 2 000 lx，共处理 28 d。

图 7-7　马铃薯

取经过热处理后的发芽块茎的茎尖 1～2 cm，用清水洗净，用 75% 的酒精浸泡 15 s，取出后用无菌水冲洗 2 次，再浸入 5% 的 NaClO 溶液中消毒 20 min，无菌水冲洗 4 次，最后用 0.1% 的 $HgCl_2$ 溶液消毒约 8 min，用无菌水冲洗 4～5 次，用无菌滤纸吸干水分，切取带有 1～2 个叶原基、大小在 0.2～0.5 mm 的茎尖分生组织作为外植体以供接种用。

（三）培养条件及温光条件

基本培养基为 MS；芽诱导培养基为①MS+6-BA 1.0 mg/L+IAA 0.2 mg/L，②MS+GA_3 0.5 mg/L；芽增殖及生根培养基为③MS（可适量添加 CCC）。

上述培养基均加蔗糖 3%，琼脂 0.7%，pH 为 5.8±0.1。培养温度为（25±1）℃，光照时间为 12～14 h/d，光照度为 2 000 lx。

（四）芽的诱导与增殖

将灭过菌的茎尖接种到培养基①中，于温度为 18～25 ℃、光照时间为 10～14 h/d、光照度为 2 000 lx 下培养，2 周后，茎尖明显增大、变绿，45 d 后，转接到培养基②中，以后，每隔 20 d 转接 1 次直到成苗。将诱导的试管苗转移至培养基③中进行继代增殖培养，25 d 左右可继代 1 次，增殖系数为 4～5，继代时也可生出根来形成完整植株。

（五）炼苗移栽

待苗长至 3～4 cm，具有 4～5 片叶时便可移栽。移栽前先把试管苗带瓶移到温室中炼苗 1 周，若光照太强，可加一层遮阳网。移栽时，仔细用镊子取出小苗，洗净根部培养基，栽在蛭石、河沙、腐殖土（1∶1∶1）混合的基质中，密度为 5 cm×5 cm。注意压紧根部，浇透水。前 3 d 可盖膜保湿、保温。1 周后，可用 1/2MS 营养液和 0.2% 的 KH_2PO_4 叶面喷肥促苗生长，每隔 5 d 喷 1 次，移栽成活率可达 90% 以上。

六、大豆的组织培养技术

大豆（*Glycine max*，见图 7-8）为被子植物门、双子叶植物纲、豆目、蝶形花科、大豆属一年生草本植物。大豆古称菽，是黄豆、青豆、黑豆和杂色豆的总称，原产中国。全国各地均有栽培，集中产区在东北平原、黄淮平原、长江三角洲和江汉平原，也广泛栽培于世界各地。大豆是中国重要的粮食作物之一，已有 5 000 年的栽培历史，对保障粮食生产安全有着重要意义。现种植的栽培大豆是由野生大豆驯化而来，约有 1 000 个大豆栽培品种。大豆是蝶形花科植物中最富有营养而又易于消化的食物，是蛋白质最丰富最廉价的来源。目前，大豆仍然是世界上许多地方人和动物的主要食物。

图 7-8 大豆

（一）外植体选择

大豆的叶片、单个细胞、原生质体、种子苗子叶节等均可作为外植体进行组织培养。

（二）无菌外植体的获得

以种子苗子叶节作为外植体为例。取大豆种子，用 70% 的酒精表面消毒 1 min，再用 0.1% 的 $HgCl_2$ 溶液消毒 7 min，用无菌水冲洗 4 ~ 5 次，倒入 60 mL 无菌水中浸泡过夜。浸泡后的种子剥皮接种于培养基①上，培养 1 ~ 2 d 促使萌发。将已萌发的种子取出，切下长出下胚轴的子叶节区，留下胚珠 4 mm，再从子叶中间纵切，保留子叶为外植体以供接种用。

（三）培养基及温光条件

基本培养基为 B_5；种子萌发培养基：①1/2B_5；芽的诱导培养基：②B_5+6-BA 9.0 mg/L+ IBA 0.2 mg/L；液体培养基：③B_5（150 r/min）；固体培养基：④B_5+6-BA 1.0 mg/L+IBA 0.2 mg/L；生根培养基：⑤1/2B_5+IBA2.0 mg/L。

上述培养基均加蔗糖 3%，琼脂 0.7%，pH 为 5.8 ~ 6.0。培养温度为（26±1）℃，光照时间为 16 h/d，光照度为 3 500 lx。

（四）芽的诱导与分化培养

将外植体子叶近轴面植入培养基②上。15 d 后转入培养基③上，振荡培养 150 r/min，温度为（26±1）℃，培养 3 d，然后转入培养基④中暗培养，第一天玻璃化现象严重，第 5 d 开始逐渐减轻。10 d 后外植体的子叶节开始由水渍状的翠绿色转变成绿色，叶片上的茸毛可用肉眼看到。继代 3 次后玻璃化现象开始逐渐消失，从子叶节处诱导出大量丛生芽并且分化成苗。再转入生根培养基⑤中进行生根培养，培养 2 周后，基部分化出幼根，形成完整植株。

任务二　果蔬类植物的组织培养技术

一、生姜的组织培养技术

生姜（*Zingiber officinale* Roscoe.，见图7-9）别名姜根、百辣云、勾装指、因地辛等，为被子植物门、单子叶植物纲、姜目、姜科、姜属多年生宿根草本植物。生姜原产中国及东南亚等热带地区，现广泛栽培于世界各热带、亚热带地区，以亚洲和非洲为主，欧美栽培较少。牙买加、尼日利亚、塞拉利昂、中国、印度和日本是主要生产国。中国自古栽培生姜，现除东北、西北寒冷地区外，中部、南部诸省均有栽培，广东、浙江、四川、山东均为主产区。其中，四川省的郫县、乐山、犍为、沐川、内江、威远、遂宁、三台、西昌等地均有大面积种植，四川省常年种植面积达 20 000 hm²，在农民增收和人民生活中具有重要作用和地位。生姜的根茎（干姜）、栓皮（姜皮）、叶（姜叶）均可入药，具有健胃、祛寒和解毒等功能，是人们日常生活中所需的重要调味品之一，为我国名、特蔬菜品种。

图 7-9　生姜

（一）外植体选择

生姜的茎尖、幼芽常作为外植体。

（二）无菌外植体的获得

先用 50% 的多菌灵 800 倍液处理细沙铺于花盆底部，并留少量细沙作为覆盖，然后选择生长良好的姜块置于花盆中，盖上沙后，将花盆置于热处理（35～37 ℃）环境下进行催芽。待芽长至 3～5 cm 时，切取 1～2 cm 茎段，用 0.1% 的 HgCl₂ 溶液消毒约 6 min，用无菌水冲洗

4～5次，剥取茎尖。剥到仅有1个叶原基时，切取大小0.3～1.0 mm的茎尖分生组织作为外植体以供接种用。

（三）培养条件及温光条件

基本培养基为MS；芽诱导培养基：①MS+KT 2.0 mg/L+NAA 1.0 mg/L；继代培养基：②MS+KT 2.0 mg/L+NAA 0.5 mg/L；生根培养基：③MS+KT 1.0 mg/L+NAA 1.5 mg/L。

上述培养基均加蔗糖3%，琼脂0.5%，pH为6.5。培养温度为（26±2）℃，光照时间为12 h/d，光照度为4 000 lx。

（四）芽的诱导与增殖

将灭过菌的茎尖接种到培养基①中，40 d后，逐渐形成丛生芽。将丛生芽分成单株后，再将其从基部0.5～1.0 cm处剪掉，并去掉所有根，仅剩下微型姜，转入培养基②中进行增殖培养，约40 d后可继代1次，成苗率达80%～90%。如果是生姜进行组培脱毒，由于先经过热处理使病毒钝化，后期又经过茎尖剥离脱毒的双重效应，其脱毒率高达92%。

（五）生根移栽

生姜试管苗易生根，在培养基③中生根效果较理想，生根培养16～18 d，每苗根数平均达5.7条，平均根长约29 mm，并且根色白而粗。移栽时先移到温室炼苗1～2 d。移栽后要浇透水，支小拱棚覆盖塑料薄膜保湿，移栽后第4周去掉覆盖物。根据情况每天或隔天浇水一次，保持土壤湿润但以不积水为宜。

二、大蒜的组织培养技术

大蒜（*Allium sativum* L.，见图7-10）又叫蒜头、大蒜头、胡蒜、葫、独蒜、独头蒜，为被子植物门、单子叶植物纲、百合目、百合科、葱属半年生草本植物。大蒜原产西亚和中亚，秦汉时从西域传入我国。大蒜的品种很多，按照鳞茎外皮的色泽可分为紫皮蒜与白皮蒜两种。紫皮蒜的蒜瓣少而大，辛辣味浓，产量高，多分布在华北、西北与东北等地，耐寒力弱；白皮蒜有大瓣和小瓣两种，辛辣味较淡，比紫皮蒜耐寒。大蒜的幼苗（蒜苗、青蒜）、蒜头（鳞茎）和蒜薹（花茎）都含有多种维生素、无机盐、糖类、微量元素和氨基酸，并具有特殊辛香风味，有很好的保健作用，深受人民群众的欢迎。尤其是蒜头，除供鲜食外，在食品加工、医药工业、化妆品制作、饮料配制及无公害生产方面，均作为主要原料，具有重要作用。

图7-10　大蒜

（一）外植体选择

取大蒜花序轴为外植体，所取花序轴的生长阶段应在花茎高度、假茎高度比为 1 : 2 时最适宜。

（二）无菌外植体的获得

晴天在田间采摘蒜薹，用消毒后的工具剪取蒜薹总苞段，先用 70% 的酒精表面灭菌 30 s，再在 0.1% 的 $HgCl_2$ 溶液中消毒约 10 min，用无菌水冲洗 4～5 次，剥去外层苞叶，在花序轴顶端横切，去除花茎部分，取花序轴将其顶部纵切为二作为外植体。剥到仅有 1 个叶原基时，切取大小 0.3～1.0 mm 的茎尖分生组织作为外植体以供接种用。

（三）培养条件及温光条件

基本培养基为 B_5、MS；诱导培养基：①B_5+6-BA 2.0 mg/L+NAA 0.1 mg/L；继代培养基：②MS+6-BA 2.0 mg/L+NAA 0.1 mg/L+GA_3 0.05 mg/L。

上述培养基均加琼脂 0.6%，①号培养基加蔗糖 3%，pH 为 6.5；②号培养基加蔗糖 2%，pH 为 6.0。培养温度为（25±2）℃，光照时间为 12 h/d，光照度为 1 500 lx。

（四）分化培养与继代增殖

将灭过菌的茎尖接种到培养基①中，25 d 后形成无菌试管苗。一般苗高 7.5～9.5 cm，诱导率为 72%～76%，繁殖系数高达 22～27。将花序轴培养获得的试管苗，纵切取幼苗基部约 1 cm，再纵切分割若干小块，使每块含苗 3 个，接种于继代增殖培养基②中进行增殖培养。培养 15～25 d 后，苗高约 7 cm，繁殖系数可达 20 以上。

三、番茄的组织培养技术

番茄（*Lycopersicon esculentum* Mill.，见图 7-11）别名西红柿、洋柿子，古名六月柿、喜报三元，为被子植物门、双子叶植物纲、茄目、茄科、茄属一年生或多年生草本植物。番茄原产南美洲，是全世界栽培最为普遍的果菜之一。美国、俄罗斯、意大利和中国为主要生产国。番茄在我国南北方广泛栽培。番茄营养丰富，风味独特，具有减肥瘦身、消除疲劳、增进食欲、提高对蛋白质的消化、减少胃胀食积等功效。

图 7-11　番茄

（一）外植体选择

取番茄下胚轴为外植体。

（二）无菌外植体的获得

取番茄种子用清水于室温条件下浸种 24 h 后，先用 70% 的酒精灭菌 20 s，再用 0.1%的 HgCl$_2$ 溶液消毒 10 min，用无菌水冲洗 4～5 次。在无菌条件下萌动 48 h，接种于培养基①中，苗龄 12～15 d 时，将其下胚轴切成 6～8 mm 的切段（去掉子叶、茎尖和胚根）为外植体以供接种用。

（三）培养基及温光条件

基本培养基为 MS；种子萌发生根培养基：①1/2MS；愈伤组织及不定芽诱导培养基：②MS+6-BA 2.0～2.5 mg/L+IAA 0.1～0.5 mg/L。

上述培养基均加蔗糖 3%，琼脂 0.8%，pH 为 5.8。培养温度为（25±1）℃，光照时间为 14 h/d，光照度为 1 800 lx。

（四）不定芽的诱导与增殖

将灭过菌的下胚轴接种于培养基②中，愈伤组织诱导率为 100%。外植体培养 18 d 后，不定芽开始分化，在愈伤组织不断生长的同时，培养物表面逐渐变为淡绿色并出现绿色芽点，芽点不断生长，逐渐长成不定芽。培养 36～40 d 后，不定芽分化率达 75%～80%，每个外植体平均 2～4 个芽。在相同新鲜培养基上不断继代增殖，可获得大量的丛生芽。

（五）生根与炼苗移栽

丛生芽长至 1～2 cm 时，于无菌条件下分切，转入无激素的培养基①中，7 d 左右，部分不定根从切口处长出，还有部分则先形成少量愈伤组织，再生成不定根，形成再生植株。待苗长至 6～8 cm 时，可进行驯化炼苗 2～3 d，将小苗小心从试管内取出，洗净根部培养基，移栽于盛有蛭石、腐殖土（1:2）的营养钵中，注意保湿，5～7 d 后，再生植株即可正常生长发育、完成生育过程。

四、辣椒的组织培养技术

辣椒（*Capsicum annuum* L.，见图 7-12）又叫番椒、海椒、辣子、辣角、秦椒等，为被子植物门、双子叶植物纲、茄目、茄科、辣椒属一年生或有限多年生草本植物。辣椒原产墨西哥，明朝末年传入中国，现中国南北方均有栽培。辣椒的果实通常呈圆锥形或长圆形，未成熟时呈绿色，成熟后变成鲜红色、绿色或紫色，以红色最为常见。辣椒的果实因果皮含有辣椒素而有辣味。辣椒能够增进食欲，辣椒中维生素 C 的含量在蔬菜中居第一位。

（一）外植体选择

取辣椒苗龄 12～16 d 的子叶为外植体。

（二）无菌外植体的获得

取辣椒种子用 70% 的酒精浸泡消毒约 1 min，再用 0.1% 的 HgCl$_2$ 溶液消毒 8～12 min，用无菌水冲洗 4 ~ 5 次后，再用无菌水浸泡 12 h，取出播种于培养基①中，置于黑暗下发芽，7 d 左右，子叶露出后转入光照培养，苗龄 10 ~ 12 d 后，取其子叶作为外植体以供接种用。

图 7-12　辣椒

（三）培养基及温光条件

基本培养基为 MS 或 B_5；种子萌发培养基：①1/2MS；不定芽生长培养基：②MS 加 B_5 有机成分+6-BA 5.0 mg/L+IAA 0.5 ~ 1.0 mg/L；不定芽生长培养基：③MS+6-BA 3.0 mg/L+IAA 0.1 ~ 0.5 mg/L+GA_3 0.5 mg/L；生根培养基：④1/2MS+B_5 有机成分+IAA1.0 mg/L。

上述培养基均加琼脂 0.8%，pH 为 5.8；①号培养基加蔗糖 1%；②、③、④号培养基加蔗糖 3%。培养温度为（25±1）℃，光照时间为 14 h/d，光照度为 2 000 lx。

（四）不定芽的诱导与增殖

将剪取灭过菌的幼苗子叶接种于分化培养基②上，20 ~ 30 d 后，每个外植体分化不定芽平均 10.9 ~ 12.5 个，最高可达 20 个。将诱导出的不定芽切割转移到培养基中，能较好地使分化的不定芽得以正常生长，伸长频率平均可达 75%。在继代过程中可将培养基中 GA_3 浓度调为 0.5 mg/L，更有利于芽的增殖。这样，外植体一般经过 2 次继代，可出苗 8 ~ 10 株，最多的达到 20 株。不定芽诱导也可以用 MS+6-BA 5.0 mg/L+IAA 0.1 ~ 0.5 mg/L+$AgNO_3$ 4.0 mg/L。

（五）生根与炼苗移栽

供诱导生根小苗以 1.5 ~ 2 cm 壮苗为宜，诱导生根效果最佳，出苗的成活率也相对较高。因此，应切取 2 cm 左右不定芽为单芽，接种于培养基④中。10 d 后即可产生不定根，20 d 左右便可出瓶，不定根诱导频率达 95% 以上。移栽前在温室炼苗 4 ~ 5 d，然后取出小苗洗净根部培养基，移栽到盛有泥炭土、珍珠岩（3 : 1）的营养土中为宜，成活率平均为 98% 以上。

五、茄子的组织培养技术

茄子（*Solanum melongena* L.，见图 7-13）别名矮瓜、白茄、吊菜子、落苏、紫茄、青茄，为被子植物门、双子叶植物纲、茄目、茄科、茄属一年生草本植物，热带为多年生草本植物。茄子原产印度，我国普遍栽培，是夏季主要蔬菜之一。茄子是为数不多的紫色蔬菜之一，也是餐桌上十分常见的家常蔬菜。在它的紫皮中含有丰富的维生素 E 和维生素 P，这是其他蔬菜所不能比的。茄子食用的部位是它的嫩果，按其形状不同可分为圆茄、灯泡茄和线茄 3 种。

圆茄，果为圆球形，皮黑紫色，有光泽，果柄为深紫色，果肉为浅绿白色，肉质致密而细嫩；灯泡茄，果形似灯泡，皮黑紫色，有光泽，果柄为深紫色，果肉为浅绿白色，含子较多，肉质略松；线茄，果为细长条形或略弯曲，皮较薄，深紫色或黑紫色，果肉为浅绿白色，含子少，肉质细嫩松软，品质好。

图 7-13　茄子

（一）外植体选择

取茄子无菌种子苗的茎尖和带腋芽茎段为外植体。

（二）无菌外植体的获得

取种子浸泡 1 d，用自来水冲洗干净后，先用 75% 的酒精浸泡 30 s，再用 0.1% 的 $HgCl_2$ 溶液消毒 5 min，用无菌水冲洗 4～5 次后，用无菌滤纸吸干表面水分，接种于培养基①中，培养 50 d 左右，种子萌发成具有 3～4 片真叶、高约 8 cm 的无菌苗。取其茎尖和带腋芽的茎段为外植体以供接种用。

（三）培养基及培养条件

基本培养基为 MS；种子萌发培养基：①1/2MS；芽的诱导及增殖培养基：②MS+KT 5.0 mg/L；生根培养基：③1/2MS+NAA 0.2 mg/L。

上述培养基均加蔗糖 3%，琼脂 0.7%，pH 为 5.8。培养温度为 23～26 ℃，光照时间为 12 h/d，光照度为 1 000 lx。

（四）芽的诱导与增殖

将灭过菌的外植体接种于培养基②中，芽苗生长健壮，一般在接种 6 d 后，芽就开始萌动，30 d 后就可长成具有 5～6 片叶的无根苗，继续培养于培养基②中，30 d 增殖 1 次，增殖系数在 4 倍以上。

（五）生根与炼苗移栽

将获得的无根苗切成具有 2～3 片叶、长 3～4 cm 的切段，转入生根培养基③中，7 d 后切口处出现米粒大愈伤组织，10 d 左右从愈伤组织上长出根状突破，20 d 后长成 2～3 cm 不定根，平均每苗生根 5～6 条，生根率达 100%。

移栽前，先将试管苗连瓶从培养室移至温室，在玻璃房自然光下闭瓶炼苗 3 d，再打开瓶盖适应 3 d，然后小心从试管瓶内取出小苗，洗净根上附着的培养基，移栽于珍珠岩、蛭石、园土（1∶1∶2）的混合基质中，盖上塑料薄膜，勤浇水，保持空气相对湿度为85%~90%，3 d后浇一次 MS 大量元素稀释营养液，7 d 后揭开薄膜，10~15 d 后即可长出新叶，移栽成活率达90%以上。

六、芋的组织培养技术

芋（*Colocasia esculenta* Schott.，见图7-14）又名芋芳、芋头，为被子植物门、单子叶植物纲、天南星目、天南星科、芋属多年生草本植物，作一年生植物栽培。芋原产印度，后由东南亚等地引进。我国以珠江流域及台湾省种植最多，长江流域次之，其他省市也有种植。芋的块茎通常为卵形，常生多数小球茎，均富含淀粉及蛋白质，供菜用或粮用，是一种重要的菜粮兼用作物，也是淀粉和酒精的原料。芋耐运输贮藏，能解决蔬菜周年均衡供应，并可作为外贸出口商品。

图7-14　芋

（一）外植体选择

取芋茎尖及微芽为外植体。

（二）无菌外植体的获得

将芋茎尖或微芽切下，经肥皂水洗净后用自来水冲洗，置于70%的酒精表面灭菌10~15 s，剥下芽的 3~4 层鳞片，再在 0.1%的 $HgCl_2$ 溶液中消毒10~12 min，用无菌水冲洗 4~5 次，取约0.5 cm 的茎尖或微芽作为外植体以供接种用。

（三）培养条件及温光条件

基本培养基为 MS；芽诱导培养基为①MS+KT 3.0 mg/L+NAA 1.0 mg/L，②MS+KT 1.0 mg/L+NAA 0.5 mg/L；生根培养基为③MS+KT 1.0 mg/L+NAA 0.5 mg/L。

上述培养基均加琼脂0.6%；①、②号培养基加蔗糖3%，pH 为6.0；③号培养基加蔗糖1%，pH 为6.0。培养温度为（25±1）℃，光照时间为 8~10 h/d，光照度为 1 500~2 000 lx。

（四）芽的诱导与增殖

将灭过菌的茎尖或微芽接种到培养基①中，4~6 d 后，体积膨大 1 倍，并开始转绿，13 d左右伸出 2 片叶子，其基部有少量愈伤组织长出，体积逐渐膨大。20 d 后，外植体最外层的鳞片基部膨裂，其鳞片基部厚度是原来的 3~4 倍，并从基部内侧膨大部分长出许多绿色小突点。再培养 40 d 左右，小突点长高约 1 cm，其基部膨大，周围又长满了绿色小突点。将其置于继代培养基①中，10 d 左右，小芽长高约 1.5 cm，其基部周围小突点长成许多丛芽，高 1 cm 左右。将丛芽切割继代，每隔 25～30 d 继代 1 次，芽长至 6～7 cm，且有大量的根生出，增殖系数为 20 以上。

将再生植株继代，部分植株基部膨大，形成小芋头，小芋头平均单个重 0.6 g，根系发达。此过程约需 40～60 d。

微芽接种到培养基②中，7 d 左右开始转绿，20 d 左右伸长，出现 2～3 片鳞片；30 d 左右，外植体周围陆续长出 3～5 个淡黄色小突起。每隔 30 d 继代 1 次，增殖系数 5～6 倍，培养基②中小植株诱导微型芋的比率高于培养基①。

（五）生根移栽

把 1.5 cm 左右高的再生植株接种到培养基③中，15 d 左右植株平均高度长到 5～7 cm，长出许多白色新根，长的可达 10 cm 左右。新根为白色，老根为紫褐色，且不断有新根长出。移栽时，先打开瓶盖炼苗 8～10 d，冬天放于温室沙、土比为 1∶3 的苗床中，浇水盖膜，10 d 左右可成活，成活率为 84%，小芋头的成活率为 100%。4～5 月，可将试管苗直接移栽到大田并浇水保湿，白天盖膜，夜间揭膜，7 d 左右移栽成活率达 95%。

七、草莓的组织培养技术

草莓（*Fragaria ananassa* Duch.，见图 7-15）又名凤梨草莓、红莓、洋莓、地莓等，为被子植物门、双子叶植物纲、蔷薇目、蔷薇科、草莓属多年生草本植物。草莓原产南美洲，主要分布于亚洲、欧洲和美洲。中国的河北省、山东省和很多南方省市都有草莓的种植。欧洲草莓产量最高，年产量达 1 000 000 t；北美居第二位，年产量为 780 000 t；亚洲年产量为 513 000 t。目前，中国草莓种植面积达 66 700 hm²，年产草莓 900 000 t，种植面积和产量均居世界第一位。草莓品种繁多，外观呈浆果状圆体或心形，鲜美红嫩，果肉多汁，酸甜可口，香味浓郁，营养丰富，是水果中难得的色、香、味俱佳者，属于高档水果，深受国内外消费者的喜爱，因此有"水果皇后"的美誉。

图 7-15　草莓

（一）外植体选择

取草莓茎尖为外植体。

（二）无菌外植体的获得

于 10 月初从田间取材（当年繁殖的葡匐茎顶端），先用 1% 的洗衣粉清洗，然后用自来水冲洗干净，并置于 70% 的酒精表面灭菌 10~15 s，用无菌水冲洗 3 次，再在 0.1% 的 $HgCl_2$ 溶液中消毒 10~12 min，用无菌水冲洗 4~5 次，取匍匐茎尖约 0.5 cm、带有 2~4 个叶原基为外植体以供接种用。

（三）培养条件及温光条件

基本培养基为 MS；茎尖分化培养基为①MS+6-BA 0.5~1.0 mg/L；增殖培养基为②MS+6-BA 0.2 mg/L；生根培养基为③1/2MS+IAA 0.1 mg/L。

上述培养基均加琼脂 0.6%，加蔗糖 3%，pH 为 6.0。培养温度为（25±1）℃，光照时间为 14 h/d，光照度为 2 000~3 000 lx。

（四）芽的诱导与增殖

将灭过菌的茎尖接种到培养基①中，先暗培养 7 d 后转为光培养，15 d 后愈伤组织逐渐形成，然后从愈伤组织上分化出芽丛。有的直接从茎尖分化出小芽。愈伤组织和小芽起初呈淡黄色，见光后小芽很快变为绿色，并继续分化为多芽的小芽丛。将芽丛分割接种到培养基②中，每隔 45 d 继代 1 次，增殖系数达 8.8 以上。

（五）生根移栽

把生长健壮的无根苗接种到培养基③中，15 d 左右，生根率达 100%，且试管苗生长良好，根系发达，25 d 后即可炼苗移栽。移栽前，先在室外散光下炼苗 3~4 d，然后取出试管苗，移栽温室内掺有少量有机质的疏松沙土中，并用塑料薄膜覆盖保湿，移栽后 15~25 d，逐渐揭膜。试管苗驯化 60 d 后可移栽于大田。

八、南瓜的组织培养技术

南瓜（*Cucurbita moschata* Duchesne.，见图 7-16）别名倭瓜、番瓜、饭瓜、番南瓜、北瓜，为被子植物门、双子叶植物纲、葫芦目、葫芦科、南瓜属一年生蔓生草本植物。南瓜起源于美洲大陆，包括两个起源中心地带，一个是墨西哥和中南美洲，其种类包括美洲南瓜、墨西哥南瓜、黑籽南瓜等；另一个是南美洲，为印度南瓜的起源地。南瓜明代传入我国，现南北各地广泛种植。南瓜味甘，性寒，可消炎止痛、强肝助肾、降低血压、产妇催乳。多吃南瓜可有效防治糖尿病和高血压，对治大便秘结有很好的作用。南瓜籽中含有瓜氨酸，南瓜籽能有效驱除蛔虫、绦虫、姜片虫和血吸虫，为驱虫的爽口良药；南瓜籽还可治膀胱炎和前列腺炎。南瓜还可治烫伤、久咳、慢性支气管炎等，疗效迅速。

（一）外植体的选择

取南瓜腋芽茎段作为外植体。

（二）无菌外植体的获得

将南瓜种子用自来水冲洗干净后，先用 70% 的酒精表面灭菌 3 min，再用饱和漂白粉溶液浸泡 2 h，用无菌水冲洗 4~5 次，取种胚接种于培养基①中培养 30 d，可获得无菌苗。将无菌苗切成 1 cm 左右带腋芽茎段为外植体以供接种用。

图 7-16　南瓜

（三）培养条件及温光条件

基本培养基为 MS；种子萌发培养基为①MS；分化、增殖培养基为②MS+6-BA 1.0 mg/L+ IAA 0.1 ~ 0.5 mg/L；壮苗培养基为③MS+6-BA 0.5 mg/L+PP$_{333}$ 0.1 ~ 0.3 mg/L；生根培养基为④1/2MS。

上述培养基均加蔗糖 3%，琼脂 0.5%，pH 为 5.8。培养温度为（24±2）℃，光照时间为 12 h/d，光照度为 2 000 lx。

（四）芽的诱导与增殖

将无菌的茎段接种到培养基①中，25 ~ 30 d 后，逐渐形成丛生芽，芽的增殖系数稳定在 8 ~ 10，每继代 1 次需要 30 d 左右，并且试管苗生长健壮。根据需要可反复在培养基②、③进行增殖培养，30 d 左右，成活率达 100%，且试管苗表现为矮化健壮，叶片厚、叶色深，株高 2 ~ 3 cm，8 ~ 10 片叶片。

（五）生根移栽

将培养的壮苗切成单株，转入生根培养基④中，生根快，3 d 就有肉眼可见的不定根突起，10 ~ 15 d 即可驯化移栽，生根率达 90%，且根质量好，根数为 2 ~ 3 条，根长 3 cm 以上。将生根苗开瓶炼苗 2 ~ 3 d 后，移栽于盛有细沙、腐殖土、河沙（1：1：1）分层基质的营养钵中（上层细沙、中层腐殖土、下层河沙），浇透 1/2MS 营养液，保湿培养 7 d 左右，试管苗即可恢复生长，随后逐渐降低湿度，驯化培养 20 ~ 30 d，试管苗成活率高达 90%以上，即可定植于大田，定植后无生长停滞期。

任务三　果树类植物的组织培养技术

一、苹果的组织培养技术

苹果（*Malus pumila* Mill.，见图 7-17）为被子植物门、双子叶植物纲、蔷薇目、蔷薇科、苹果属落叶乔木，通常树木可高至 15 m，但栽培树木一般只高 3 ~ 5 m。苹果原产于土耳其东部，全世界温带地区均有种植。中国、美国、法国是主要的苹果生产国，而在单产上领先的则是法国、意大利、美国和土耳其。中国辽宁、河北、山西、山东、陕西、甘肃、四川、云南、西藏常见栽培。树干呈灰褐色，树皮有一定程度的脱落。果实一般呈红色，但需视品种而定。苹果果实富含矿物质和维生素，为人们最常食用的水果之一。

图 7-17　苹果

（一）外植体选择

取苹果五年生树当年生枝的腋芽茎尖作为外植体。

（二）无菌外植体的获得

一般于 4 月下旬，取五年生树腋芽已萌发并露出 4～5 片小叶的一年生枝条，用清水洗净后，按芽剪段，在超净工作台上用 0.1% 的 $HgCl_2$ 溶液消毒 8～10 min，用无菌水冲洗 4～5 次，用无菌滤纸吸干表面水分，取其腋芽茎尖生长点 1～2 mm 为外植体以供接种用。

（三）培养基及温光条件

基本培养基为改良 C_{17}（大量元素与 C_{17} 相同，其他成分同 MS 培养基）；芽的诱导培养基：①改良 C_{17}+6-BA 0.5 mg/L+IBA 0.2 mg/L+水解酪蛋白（CH）300+3% 蔗糖；芽增殖培养基：②改良 C_{17}+6-BA 1.0 mg/L+NAA 0.05 mg/L+3.5% 蔗糖；生根培养基：③1/2 改良 C_{17}+IBA 0.5 mg/L+IAA 1.0 mg/L +PP_{333} 1.0 mg/L+2.5% 蔗糖。

上述培养基均加琼脂 0.7%，pH 为 5.8。培养温度为（25±3）℃，光照时间为 14 h/d，光照度为 2 000 lx。接种后先光照 7 d，再暗培养 7 d，以后一直光培养。

（四）芽的诱导与增殖

将灭过菌的外植体接种于培养基①中，茎尖接种 30 d 左右，幼叶明显长大，培养 40～45 d 嫩梢开始生长，65 d 左右时生长快的嫩梢可达 2 cm，且多为单梢。经 2～3 次切分，在相同新鲜培养基①中增殖培养后，嫩梢多以芽丛分化生长。再将丛状芽切分转移至培养基②中扩大增殖，每隔 30～40 d 继代 1 次，增殖系数可达 6～7。

（五）生根与炼苗移栽

切取继代芽苗上高 1.5 cm 以上的嫩梢，扦插于培养基③上诱导生根，并在接种后进行 5～7 d 的暗培养再光培养，可使芽苗生根率达 87% 以上。生根培养 25 d 后，将试管移至温室进行强光锻炼（光照度为 1 800～3 500 lx）15～20 d，再打开瓶塞适应 2 d 后移栽。

移栽时小心将小苗取出，用 15 mg/L 的 $KMnO_4$ 溶液洗净根部培养基，移入装有蛭石、园土（1∶2）的营养钵内（蛭石用0.1%的多菌灵搅拌消毒），用塑料薄膜保温、保湿，并适时喷0.1%的多菌灵药液，以防止幼苗根茎发生病害。30 d后去膜，60 d后成苗率可达85%。

二、李子的组织培养技术

李子（*Prunus salicina* Lindl.，见图7-18）别名嘉庆子、布霖、玉皇李、山李子，为被子植物门、双子叶植物纲、蔷薇目、蔷薇科、梅属落叶乔木。李子产于辽宁、吉林、陕西、甘肃、四川、云南、贵州、湖南、湖北、江苏、浙江、江西、福建、广东、广西和台湾等地，生于山坡灌丛中、山谷疏林中或水边、沟底、路旁等处，海拔 400～2 600 m，中国各省及世界各地均有栽培，为重要温带果树之一。其果实7～8月间成熟，饱满圆润，玲珑剔透，形态美艳，口味甘甜，是人们最喜欢的水果之一。李子中含有多种营养成分，有养颜美容、润滑肌肤的作用，李子中抗氧化剂含量高得惊人，堪称是抗衰老、防疾病的"超级水果"。李子味酸，能促进胃酸和胃消化酶的分泌，并能促进胃肠蠕动，因而有改善食欲、促进消化的作用，尤其对胃酸缺乏、食后饱胀、大便秘结者有效。新鲜李子肉中的丝氨酸、甘氨酸、脯氨酸、谷酰胺等氨基酸，有利尿消肿的作用，对肝硬化有辅助治疗效果。

图7-18 李子

（一）外植体选择

取李子顶芽及腋芽作为外植体。

（二）无菌外植体的获得

取1年生枝的顶芽或腋芽，先用70%的酒精浸泡30 s，然后用0.1%的 $HgCl_2$ 溶液消毒3～4 min，用无菌水冲洗4～5次，最后用0.1%的过氧乙酸浸泡1～3 min，用无菌水冲洗4～5次，剥取0.5 mm的顶芽及腋芽为外植体以供接种用。

（三）培养基及温光条件

基本培养基为MS；芽诱导培养基为①MS+6-BA 2.0 mg/L+NAA 0.1～0.3 mg/L；壮苗培养基为②MS+6-BA 0.5 mg/L+GA₃ 0.5 mg/L+IAA 0.2 mg/L；生根培养基为③MS+IBA 2.0 mg/L+KT 0.4 mg/L+NAA 1.0 mg/L。

上述培养基均加琼脂0.7%，pH 为5.8；①、②号培养基加蔗糖2%；③号培养基加蔗糖1.5%。培养温度为（25±2）℃，光照时间为16 h/d，光照度为1 500 lx。

（四）芽的诱导与增殖

将灭过菌的 0.5 mm 顶芽及腋芽外植体接种于培养基①中，30～40 d 后逐渐分化出丛芽，转入相同培养基①中，45～55 d 后又分化形成新的丛生芽，经 3～4 次继代培养后转入壮苗培养基②中进行壮苗培养；15～20 d 后，芽伸长并增粗，叶片浓绿，这时转入生根培养基③中，15 d 左右可发根，此时及时移出驯化移栽。

三、杏的组织培养技术

杏（*Armeniaca vulgaris* Lam.，见图 7-19）为被子植物门、双子叶植物纲、蔷薇目、蔷薇科、杏属落叶乔木。杏树原产于中国新疆，是中国最古老的栽培果树之一。杏树在中国各地多有分布，尤以华北、西北和华东地区种植较多，少数地区为野生，在新疆伊犁一带野生成纯林或与新疆野苹果林混生，海拔可达 3 000 m，世界各地也均有栽培。杏植株无毛；叶互生，阔卵形或圆卵形叶子，边缘有钝锯齿；近叶柄顶端有二腺体；淡红色花单生或 2～3 个同生，白色或微红色；圆、长圆或扁圆形核果，果皮多为白色、黄色或黄红色，向阳部常具红晕和斑点；暗黄色果肉，味甜多汁；种仁多苦味或甜味，花期 3～4 月，果期 6～7 月。杏果有良好的医疗效用，在中草药中居重要地位，主治风寒肺病，生津止渴，润肺化痰，清热解毒。杏仁还有美容功效，能促进皮肤微循环，使皮肤红润光泽。

图 7-19　杏

（一）外植体选择

取杏树龄为 3 年、当年生枝条在室内催芽新梢的茎尖和带芽茎段作为外植体。

（二）无菌外植体的获得

取催芽的新梢，用流水冲洗 12 h，先用 0.1% 的新洁尔灭灭菌 20 min，再用 1% 的过氧乙酸消毒 6 min，用无菌水冲洗 5 次后，用无菌滤纸吸干，切取 0.3 cm 的茎尖和带芽茎段为外植体以供接种用。

（三）培养基及温光条件

基本培养基为改良 MS 或 MS；芽诱导培养基：①改良 MS（1/2NH$_4$NO$_3$）+10 g/L PVP（聚乙烯吡咯烷酮）+6-BA 1.0 mg/L+IBA 0.1 mg/L+GA$_3$ 1.0 mg/L+山梨醇 3% 或蔗糖 3%；生根培养基：②1/2MS+IBA 0.2 mg/L+蔗糖 1.5%。

上述培养基均加琼脂 0.5%，pH 为 5.8。培养温度为（25±1）℃，光照时间为 15 h/d，光照度为 3 000 lx。

（四）芽的诱导与增殖

将灭过菌的茎尖和带芽茎段接种于培养基①中，培养 35 d 后，大于 0.5 cm 的新梢率为 37.5%，增殖倍数为 4～5。可将新梢切成茎尖和带芽茎段接种到相同的新鲜培养基①中进行继代增殖，每隔 35 d 可继代 1 次，一般可继代 8 次左右，随着继代次数的增加，增殖倍数和大于 0.5 cm 的新梢数量也逐渐提高。

（五）生根与炼苗移栽

将继代 8 次大于 0.5 cm 的新梢接种于生根培养基②中，有利于发根和促进根生长，生根效果最好，生根率最高。先暗培养 4 d，然后转入光下培养，生根率为 70%～80%，每株平均根数为 2.5～3.1 条。2 d 后取出试管苗，洗净根部培养基，移栽于沙、蛭石、园土为 1∶1∶1 的混合基质中，勤浇水，盖膜保湿 7 d 左右，温度为 28 ℃，保持昼夜温差为 6～8 ℃，有利于促进成活。

四、桃的组织培养技术

桃（*Amygdalus persica* L.，见图 7-20）为被子植物门、双子叶植物纲、蔷薇目、蔷薇科、桃属落叶小乔木。原产中国，各省区广泛栽培，世界各地均有栽植。树皮暗灰色，随年龄增长出现裂缝；叶为窄椭圆形至披针形，先端成长而细的尖端，边缘有细齿，暗绿色有光泽，叶基具有蜜腺；花单生，从淡至深粉红或红色，有时为白色，有短柄，早春开花；近球形核果，表面有毛茸，肉质可食，为橙黄色泛红色，有带深麻点和沟纹的核，内含白色种子。桃花可以观赏，果实多汁，可以生食或制桃脯、罐头等，核仁也可以食用。

桃树树干上分泌的胶质，俗称桃胶，可用作黏结剂等，可食用，也供药用，有破血、和血、益气之效。桃子素有"寿桃"和"仙桃"的美称，因其肉质鲜美，又被称为"天下第一果"，适宜低血钾和缺铁性贫血患者食用。

图 7-20　桃

（一）外植体选择

选带腋芽的茎段作为外植体。

（二）无菌外植体的获得

将 3 年生树冠外缘向阳果枝的嫩梢腋芽取下，在无菌条件下，用 75% 酒精 5 mL 和 0.2% 的 HgCl$_2$95 mL 混合液灭菌 7~10 min，用无菌水冲洗 4~6 次，然后切成 1 cm 带腋芽的茎段为外植体以供接种用。

（三）培养基及温光条件

基本培养基为 MS；芽诱导与增殖培养基：① MS+6-BA 0.8~2.0 mg/L+IBA 0.4~0.8 mg/L+GA$_3$ 3.0~5.0 mg/L；生根培养基：② MS+IBA 0.4~0.7 mg/L+NAA 0.1~0.3 mg/L。

上述培养基均加蔗糖 3%，琼脂 0.8%，pH 为 5.8。培养温度为（25±1）℃，光照时间为 12 h/d，光照度为 1 500 lx。

（四）芽的诱导与增殖

将灭过菌的外植体接种于芽诱导与增殖培养基①中，培养 5~7 d 后外植体腋芽开始萌动，培养 10~15 d 后腋芽抽出展叶，培养 23~25 d 进行继代培养。在相同新鲜培养基①中继代时间不能超过 25 d，否则，芽增殖能力逐渐减弱，同时叶片变黄、变脆、易脱落，甚至枯心死亡。每隔 23~25 d 继代 1 次，芽增殖高达 7.5 倍。如此反复继代，可在短时间内获得大量苗。

（五）生根与炼苗移栽

当无根苗长到 1 cm 以上时即可切下，接种于培养基②中，培养 15 d 左右有许多粗壮的根长出，培养 18 d，每株苗平均生根 4.2 条。当苗高 3 cm 以上时，将试管苗培养瓶移到室外打开瓶塞，炼苗 3 d 后，小心将小苗从培养瓶中取出洗净根部培养基，再沾上用 1 mg/L 的 IBA 调制成的黄泥浆，然后定植于铺有 2~3 cm 厚细沙、蛭石、腐殖土（1∶1∶2）的混合基质插床中，盖上塑料薄膜和遮阳网以保湿。4 d 后逐渐增大揭膜程度，10 d 后除去薄膜和遮阳网，并浇 1 次 MS 稀释营养液，移栽成活率达 80%以上。

五、梨的组织培养技术

梨（*Pyrus* spp.，见图 7-21）为被子植物门、双子叶植物纲、蔷薇目、蔷薇科、梨属多年生落叶乔木。中国梨栽培面积和产量仅次于苹果，其中安徽、河北、山东、辽宁四省是中国梨的集中产区，栽培面积约占一半左右，产量超过 60%。中国栽培的梨树品种，主要分为秋子梨、白梨、砂梨、洋梨 4 个物种。叶子卵形，花多白色，一般梨的颜色为外皮呈现出金黄色或暖黄色，里面果肉则为通亮白色，鲜嫩多汁，口味甘甜，核味微酸，是很好的水果。梨除可供生食外，还可酿酒、制梨膏、梨脯，也可药用，如梨果治热咳，切片贴之治火伤；梨汁可润肺凉心，解疮毒、酒毒；梨花能去面黑粉刺；梨叶煎服，可治风寒和小儿寒疝；梨树皮能除结气咳逆等症。

（一）外植体选择

取梨一年生带芽幼枝、顶端作为外植体。

（二）无菌外植体的获得

取一年生梨幼嫩枝条顶端，先用肥皂水、自来水清洗干净，然后用 70%的酒精灭菌 3~

4 min，再用 0.1%的 HgCl₂ 溶液消毒 8 ~ 10 min，用无菌水冲洗 4 ~ 5 次，取其顶端 0.8 ~ 1.0 cm 为外植体以供接种用。

图 7-21　梨

（三）培养基及温光条件

基本培养基为 MS；芽分化培养基为①MS+6-BA 3.0 mg/L+NAA 0.3 mg/L+GA₃ 5.0 mg/L；芽增殖培养基为②MS+6-BA 5.0 mg/L+NAA 0.4 mg/L+GA₃ 2.0 mg/L；生根培养基为③1/2MS。

上述培养基均加蔗糖 3%，①中加琼脂 0.9% ~ 1.0%，pH 为 5.8。培养温度为（25±2）℃，光照时间为 16 h/d，光照度为 2 000 lx。

（四）芽的诱导与增殖

将灭过菌的外植体接种于培养基①中，培养 7 d 左右，顶芽萌动，生长点也开始伸长，培养 30 d 左右，芽的分化生长很快、苗势良好，培养 35 ~ 40 d，嫩茎生长和增殖，可转接到增殖培养基②中进行增殖培养，每隔 30 d 左右继代增殖 1 次。

（五）生根与炼苗移栽

待无根苗生长到 2 ~ 3 cm 时，先用 IBA 100 mg/L 溶液浸泡 25 h，再转移到不含激素的生根培养基③中，20 d 左右开始生根，30 d 左右根可长到 1.5 cm 左右即可移栽。移栽时，先移入温室闭瓶炼苗 7 d，然后小心取出小苗洗净根部培养基，移栽于盛有园土的花盆中，盖薄膜保持一定湿度，于 15 ~ 20 ℃ 下培养，30 d 后去掉薄膜，每隔 7 d 喷洒 MS 稀释营养液 1 次，培养 60 d 后即可移栽，成活率达 90%以上。

六、核桃的组织培养技术

核桃（*Juglans regia*，见图 7-22）又名胡桃、羌桃，为被子植物门、双子叶植物纲、胡桃目、胡桃科、胡桃属落叶乔木。核桃原产伊朗，分布于中亚、西亚、南亚和欧洲，生于海拔 400 ~ 1 800 m 的山坡及丘陵地带。核桃在中国的水平分布范围：从北纬 21°08′的云南勐腊县到北纬 44°54′的新疆博乐县，纵越纬度 23°46′；西起东经 75°15′的新疆塔什库尔干，东至东经 124°21′的辽宁丹东，横跨经度 49°06′。核桃主产区在云南、陕西、山西、四川、河北、甘肃、新疆、安徽等省（区），其中安徽省亳州市三官林区被誉为亚洲最大的核桃林场。核桃树一般高达 3 ~ 5 m，树皮灰白色，浅纵裂，枝条髓部片状，幼枝先端具细柔毛（2 年生枝常无毛）；也有高达 20 ~ 25 m，树干较别的种类矮，树冠广阔，树皮幼时灰绿色，老时则灰白色而纵向浅裂，小枝无毛，具有光泽，被盾状着生的腺体，灰绿色，后来带褐色。核桃与扁桃、腰果、榛子并称为世界著名的"四大干果"。核桃仁含有丰富的营养素，对人体有益，可强健大脑，是深受老百姓喜爱的坚果类食品之一，被誉为"万岁子""长寿果"。

图 7-22　核桃

（一）外植体选择

取核桃母树当年生新梢茎段作为外植体。

（二）无菌外植体的获得

剪取核桃当年生新梢，用肥皂水冲洗干净，无菌水冲洗 2 次，切成 2 cm 左右的带芽茎段。用 70%的酒精消毒 30 s，然后用 400 mg/L 的青霉素+400 mg/L 的链霉素灭菌 30 min，立即加入 0.1%的 $HgCl_2$ 溶液中消毒 10 ~ 15 min，用无菌水冲洗 4 ~ 6 次，以此作为外植体以供接种用。

（三）培养基及温光条件

基本培养基为 MS；芽诱导培养基：①1/2MS+6-BA 1.0 ~ 2.0 mg/L+IBA 0.1 mg/L+Vc 2 ~ 5 mg/L；芽增殖培养基：②MS+6-BA 2.0 mg/L+NAA 0.5 mg/L+GA_3 0.5 mg/L；壮苗培养基：③ MS+6-BA 1.0 ~ 2.0 mg/L+IBA 0.1 mg/L；生根培养基：④ 1/2MS+IBA 2.0 mg/L+NAA 2.0 mg/L。

上述培养基均加蔗糖 3%，琼脂 0.6% ~ 0.8%，pH 为 5.8。培养温度为（25±2）℃，光照时间为 12 h/d，光照度为 1 500 ~ 2 000 lx。

（四）芽的诱导与增殖

将灭过菌的外植体接种到芽的诱导培养基①上，培养 7 ~ 10 d 腋芽开始萌动，再生梢长至 1 ~ 2 cm 时，切下再生梢接种到培养基②上，培养 30 ~ 40 d 后，再生梢可长出 4 ~ 7 节且基部长出丛生芽。将丛生芽切成单芽或再生梢切成 1.5 cm 左右的带芽茎段，接种于壮苗培养基③中，促使小苗稳健生长，小苗逐渐长高变得粗壮。

（五）生根与炼苗移栽

将苗高约 4 cm、生长健壮的无根苗切成单苗，接种于生根培养基④中，培养 8 ~ 10 d 开始生根后，转入蛭石基质中，30 d 左右，根系发育完好即可移栽。

移栽时，小心将生根苗从培养瓶中取出，洗净附着在根上的培养基，移入装有沙土、蛭石、腐殖土（2∶2∶1）混合基质的容器中，用塑料薄膜保温、保湿，7 d 后揭膜，每隔 7 d 左右浇 1 次 MS 稀释营养液，7～10 d 根系即可恢复生长，30 d 左右，成活率可达 70%，然后转入土壤中定植，以后按常规田间管理，植株生长良好。

七、山莓的组织培养技术

山莓（*Rubus corchorifolius*，见图 7-23）又名树莓、山抛子、牛奶泡、撒秧泡、三月泡、四月泡、龙船泡、大麦泡、泡儿刺、刺葫芦、馒头菠、高脚波等，为被子植物门、双子叶植物纲、蔷薇目、蔷薇科、悬钩子属多年生直立灌木。中国除东北三省、安徽、四川、贵州、甘肃、青海、新疆、西藏外，其余各省均有分布，其中湖北西北部山区大量存在。朝鲜、日本、缅甸、越南也有分布，多生于向阳山坡、山谷、荒地、溪边和疏密灌丛中潮湿处。山莓树高 1～3 m；枝具皮刺，幼时为柔毛；单叶，卵形至卵状披针形。山莓可供鲜食或加工蜜饯等。山莓的果味甜美，含糖、苹果酸、柠檬酸及维生素 C 等，可供生食，制果酱及酿酒。山莓的根和叶可入药，具有涩精益肾助阳明目、醒酒止渴、化痰解毒之功效。

图 7-23　山莓

（一）外植体选择

取其茎尖和带芽茎段作为外植体。

（二）无菌外植体的获得

取山莓小灌木新生枝条，用自来水冲洗干净，先用 70%的酒精灭菌 0.5 min，再用 0.1%的 $HgCl_2$ 消毒 8～10 min，用无菌水冲洗 4～5 次，用无菌滤纸吸干水分后，剪截成 1 cm 的带芽茎段和茎尖为外植体以供接种用。

（三）培养基及温光条件

基本培养基为 MS；愈伤组织诱导培养基：①MS+6-BA 0.2 mg/L+NAA 0.5 mg/L；芽诱导培养基：②MS+6-BA 0.5 mg/L+NAA 0.1 mg/L；芽增殖培养基：③MS+6-BA 1.0 mg/L+ NAA 0.1 mg/L；生根培养基：④MS+NAA 0.5～1.0 mg/L。

上述培养基均加蔗糖 3%，琼脂 0.7%，pH 为 5.8。培养温度为 23～26 ℃，光照时间为 18 h/d，光照度为 2 500～3 000 lx。

（四）芽的诱导与增殖

将灭过菌的外植体接种到培养基①上，培养 20 d 后，基部长出浅黄色愈伤组织；再培养 20 d 左右，形成直径 0.5~1.5 cm 大小不等、质地较为紧密的愈伤组织。然后将愈伤组织分切转接到培养基②上，培养 20 d 后，芽伸长至 4 cm，基部萌发丛生芽 3~7 个。将丛生芽剪截成带 1~2 个芽的茎段或芽块接种至培养基③上，30 d 后可长成具有 6~8 片叶片，高约 4 cm 的健壮无根苗，同时，基部分化出 4 个左右的小苗，可如此反复转接，不断增殖，获得大量无根苗。

（五）生根与炼苗移栽

将无根丛芽苗切成单株，转接到生根培养基④上，在 25~27 ℃ 条件下培养约 5 d，就可在幼茎基部形成根原基，而在 20 ℃ 条件下则需 8~10 d 形成根原基。根原基形成后就可出瓶移栽。

移栽前先打开培养瓶盖炼苗 1~2 d。移栽时，小心取出培养瓶中试管苗，洗净根部培养基，可直接移栽到稻壳灰与黄沙土（1∶1）拌匀的基质中。浇透水，盖上薄膜，使薄膜内的相对湿度保持在 90% 左右，成活率可达 85% 以上。30 d 左右，可移栽至大田。

八、香蕉的组织培养技术

香蕉（*Musa nana*，见图 7-24）为被子植物门、单子叶植物纲、芭蕉目、芭蕉科、芭蕉属，植株为大型草本植物。香蕉原产亚洲东南部，主要分布在东、西、南半球南北纬度 30° 以内的热带、亚热带地区，世界上栽培香蕉的国家有 130 个，以中美洲产量最高，其次是亚洲，中国是世界上栽培香蕉的古老国家之一，有 2 000 多年的栽培历史，主产区为广东、广西、海南、福建、云南和台湾。从根状茎发出，由叶鞘下部形成高 330~660 cm 的假秆；叶长圆形至椭圆形，10~20 枚簇生茎顶。穗状花序大，由假秆顶端抽出，花多数，淡黄色；果序弯垂，结果 10~20 串，有 50~150 个。植株结果后枯死，由根状茎长出的吸根继续繁殖，每一根株可活多年。香蕉是世界四大类水果之一，也是我国华南四大名果之一，富含碳水化合物，大蕉更多，是非洲、中美洲地区的主要粮食；香蕉也具有通便、降血压、治糖尿病等医疗保健作用；也可加工成糖水罐头、香蕉片、香蕉酱、提取香精、酿酒；球茎、吸芽、花蕾可作饲料，花蕾还可食用，茎叶可制绳。

图 7-24　香蕉

（一）外植体选择

取香蕉吸芽（吸芽是由香蕉基部球茎上长出的一种侧芽，俗称吸芽。按其生长于母株的位置和抽出先后顺序分为头路牙、二路芽、三路芽和四路芽等。还有一种俗称"隔山飞"的吸芽。隔山飞是在母株采收果穗后，距其残茎一定距离处长出的吸芽。此类吸芽增殖力最强，接种后抽芽快，分化能力强，是用于组织培养的最佳材料，选用"隔山飞"的吸芽为外植体材料最好）作为外植体。

（二）无菌外植体的获得

从田间取吸芽，先用自来水冲洗干净，再用 1% 的洗衣粉洗 2 次。切去吸芽，先剥去外层苞叶的部分基部组织，保留具有顶芽和侧芽原基的小干茎（5～10 cm），经紫外线灯灭菌 30～40 min 后，用 0.1% 的 $HgCl_2$ 消毒 15～20 min，其间常翻动，以便充分灭菌，用无菌水冲洗 5～6 次，将吸芽切成若干小块，每块约 1 cm×2 cm，每块应具有 1～2 个芽原基为外植体以供接种用。

（三）培养基及温光条件

基本培养基为 MS；吸芽培养基①MS+6-BA 5.0 mg/L+KT 0.5 mg/L+2% 蔗糖；茎尖培养基②改良 MS 培养基（MS 无机盐+盐酸硫胺素 0.5 mg/L）+6-BA 2.0～5.0 mg/L+3% 蔗糖；茎尖培养基③改良 MS+6-BA 2.0 mg/L+蔗糖 3%（液体培养基）；生根培养基④MS+KT 0.5 mg/L+NAA 0.8 mg/L+蔗糖 3%+活性炭 0.3%。

上述培养基中①、②、④号培养基均加琼脂 0.7%，pH 为 5.8。培养温度为 25～28 ℃，光照时间为 10～12 h/d，光照度为 2 000～3 000 lx。

（四）芽的诱导与增殖

将灭过菌的外植体接种到培养基①上，先暗培养，待芽萌动后，每天光照 10 h，光照度为 2 000～3 000 lx，经 40～60 d 培养，可形成丛生芽，每个丛芽有 2.5～3 个小芽。从培养的丛生芽中选取一些高 5 cm，生长较粗壮的、基部膨大的无根苗，用镊子将小叶片剥除，直到生长点充分暴露，然后切取大小 0.5～1.5 mm、带有 1～2 个叶原基的茎尖，经无菌水洗净后接种于液体培养基③中进行振荡培养。待茎尖长至 3～5 mm 大小时便可转移至培养基②中进行固体培养。开始生长缓慢，基部逐渐长大形成基盘，并分化出白色球状小突起，经培养 60 d 左右，逐渐形成丛生芽，芽数通常有 2～3 个。此时将丛生芽切成单芽再转至相同新鲜培养基②上培养。当苗高 2 cm 时，具有丛芽的基盘切成若干块，每块带 1 苗，按上述方法再继代繁殖至一定数的小苗后即可生根培养。

（五）生根与炼苗移栽

将继代增殖苗从基盘处切离成单苗后，接种于生根培养基④上，15 d 后逐渐形成生根苗。待小植株长到 7～8 cm，具 5 片绿叶时便可移栽。移栽前，先将培养瓶置阳光下闭瓶炼苗 2～3 d，再打开瓶盖晒苗适应 3 d，取出小苗移栽于能保湿、保温、防虫的大棚内，每隔 2 d 喷雾 1 次，定期喷施杀虫农药。移苗 10 d 后可喷施 0.5% 的 KNO_3 肥液 2 次，每隔 7 d 喷 1 次。20 d 后移栽成活率可达 75%。

九、枇杷的组织培养技术

枇杷（*Eriobotrya japonica*，见图 7-25）别名芦橘、金丸、芦枝，为被子植物门、双子叶植物纲、蔷薇目、蔷薇科、枇杷属常绿小乔木。枇杷原产亚热带，要求较高的温度，中国的四川、云南、贵州、广西、广东、福建、台湾等省均有栽培。树高 3～5 m，叶子大而长，厚而有茸毛，呈长椭圆形，状如琵琶，因此而得名。枇杷与大部分果树不同，在秋天或初冬开花，果子在春天至初夏成熟，比其他水果都早，因此被称是"果木中独备四时之气者"。枇杷的花为白色或淡黄色，有五块花瓣，以五至十朵成一束，可以作为蜜源作物。成熟的枇杷果实味道甜美，营养颇丰，并具有润肺、止咳、止渴的功效；也可把枇杷肉制成糖水罐头，或以枇杷酿酒。

图 7-25 枇杷

（一）外植体选择

取枇杷顶芽作为外植体。

（二）无菌外植体的获得

在 2～3 月份顶芽萌动季节，采取长 1.5 cm 左右的顶芽，用刀片刮去表皮毛及外层芽鳞后，再用流水冲洗 2 h，切成长约 1 cm，先用 75%的酒精灭菌 1.5 min，再用 0.1%的 HgCl₂ 消毒 8～10 min，用无菌水冲洗 5 次，剥取 0.3～0.5 cm 的茎尖为外植体以供接种用。

（三）培养基及温光条件

基本培养基为 MS；芽诱导培养基：①MS+6-BA 1.0 mg/L+NAA 0.5 mg/L+GA₃ 0.5 mg/L；芽增殖培养基：②MS+6-BA 2.0 mg/L+NAA 0.5 mg/L；生根培养基：③1/2MS+NAA 0.5 mg/L。

上述培养基均加蔗糖 3%，琼脂 0.8%，pH 为 5.8。培养温度为（25±1）℃，光照时间为 12 h/d，光照度为 1 500～2 000 lx。

（四）芽的诱导与增殖

将灭过菌的 0.3～0.5 cm 茎尖外植体接种到培养基①上暗培养，在 1～2 d 内，若发现有部分外植体发生褐变，并使芽体周围的培养基染成浅褐色，必须及时把这部分芽转到新鲜培养基①上，否则，将会引起外植体死亡。在 3～5 d 发现有部分外植体基部产生成团的浅褐色疏松愈伤组织也必须在 7 d 内剥去。培养 15～20 d 芽开始萌动，在长出 3 片小叶片时，转为光培养，再培养 15~20 d 后有 5~9 片 0.5~1.0 cm 的小叶生出。这时可将芽转入增殖培养基②中，经 25 d 光培养，腋芽开始生长并形成芽丛，每株平均产生 3 个芽丛，最多可产生 6 个芽丛。再培养 20 d 左右，芽丛长到 1.5 cm 时，可切下转入相同新鲜增殖培养基②上进行扩繁。在扩繁过程中，芽体基部生长过大的愈伤组织必须及时除去。

（五）生根与炼苗移栽

当增殖芽丛长到 1.5~2.0 cm 高时切成单芽接种于培养基③上，10 d 开始生根，20 d 后每株生根 7 条以上，生根率达 100%。移栽前，将生根苗瓶打开炼苗 1~3 d。然后，小心取出小苗，洗净根部培养基，栽入稻糠灰与沙土（1:1）的基质中，保持湿度 80% 以上，成活率达 90% 以上。

十、葡萄的组织培养技术

葡萄（*Vitis vinifera* L.，见图 7-26）别名草龙珠、赐紫樱桃、菩提子、蒲陶、山葫芦，为被子植物门、双子叶植物纲、鼠李目、葡萄科、葡萄属落叶藤本植物。原产亚洲西部，现世界各地均栽培，世界上约 95% 的葡萄集中分布在北半球，中国各地均有栽培，主产区有新疆的吐鲁番、和田，山东的烟台，河北的张家口、宣化、昌黎，辽宁的大连、熊岳、沈阳及河南的芦庙乡、民权、仪封等地。小枝为圆柱形，有纵棱纹，无毛或被稀疏柔毛，叶卵圆形，圆锥花序密集或疏散，多花，与叶对生，基部分枝发达，果实为球形或椭圆形，种子为倒卵椭圆形，花期 4~5 月，果期 8~9 月。其营养价值很高，可制成葡萄汁、葡萄干和葡萄酒。粒大、皮厚、汁少、水多，皮肉易分离，味道酸甜可口。耐贮运的欧亚种葡萄又称为提子。人类在很早以前就开始栽培这种果树，是世界上最古老、分布最广的一种水果之一，几乎占全世界水果产量的 1/4。葡萄不仅味美可口，而且营养价值很高，常食葡萄对神经衰弱、疲劳过度大有裨益，同时具有补气血、益肝肾、生津液、强筋骨、止咳除烦、补益气血、通利小便的功效；葡萄酒是以葡萄为原料的最重要加工品；另外，新开发的葡萄籽油，在国外被用作婴儿和老年人的高级营养油及高空作业者和飞行人员的高级保健油，颇受世人关注。

图 7-26　葡萄

（一）外植体选择

取葡萄枝条顶稍作为外植体。

（二）无菌外植体的获得

取枝条顶稍 1.0～2.0 cm 的梢尖，去掉幼叶，先用流水冲洗 30 min，再用 75%的酒精灭菌 5 s，然后用无菌水洗 3 次，用 0.1%的 $HgCl_2$ 消毒 5 min 左右，最后用无菌水冲洗 5 次。把芽放在解剖镜下，用镊子、刀片、解剖针等工具把芽外面的幼叶和叶原基逐层除去，使生长点暴露。用刀切下含有 1～2 个叶原基，大小为 0.2～0.3 mm 的生长点为外植体以供接种用。

（三）培养基及温光条件

基本培养基为 MS；茎尖分化培养基：① 1/2MS+6-BA 0.1～0.5 mg/L+NAA 0.05 mg/L+ GA_3 0.2 mg/L；继代增殖培养基：② MS+6-BA 0.1～0.5 mg/L+NAA 0.5 mg/L；生根培养基：③ 1/2MS+IAA 0.4 mg/L+IBA 0.1 mg/L。

上述培养基均加蔗糖 2%，琼脂 0.8%，pH 为 5.8。培养温度为（25±2）℃，光照时间为 16 h/d，光照度为 1 000～1 500 lx。

（四）生长与分化

将灭过菌的 0.2～0.3 mm 的茎尖外植体接种到培养基①上进行培养。30 d 左右，茎尖开始分化出芽和侧芽，60 d 左右形成芽丛，即可进行大量增殖。将增殖后的小芽丛转入到增殖培养基②上，每隔 30 d 继代 1 次，每个芽丛增殖倍数约为 10。

（五）生根与炼苗移栽

当增殖芽丛长成 2.0～3.0 cm 的无根幼苗后，切成单苗接种于培养基③上，7～15 d 开始生根，30 d 左右即可形成发达的根系，生根率达 90%，同时可长出 5～7 片新叶。待试管苗长出完整的根系和新叶后，把瓶子移入温室中，即可打开培养瓶，历时 7 d 左右。把苗从试管中取出，洗净根部培养基，栽入经过干热灭菌处理的蛭石内，盘上用塑料薄膜罩严，置于散射日光下，温度在 20 ℃ 左右，保持自然湿度，炼苗 15 d。从第 5 d 开始把塑料薄膜边缘揭开 3～5 cm 宽的一条通风隙。以后每隔 2 d，把通风隙加宽一倍，到第 15 d 完全揭开塑料薄膜，炼苗完成，此时幼苗开始长出新叶及新根，便可移入土中栽培，成活率达 95%以上。

任务四　药用植物的组织培养技术

一、芦荟的组织培养技术

芦荟（*Aloe vera* var. Chinensis，见图 7-27）别名卢会、讷会、象胆、奴会、劳伟，为被子植物门、单子叶植物纲、天门冬目、百合科、芦荟属多年生常绿草本植物。芦荟原产于地中海、非洲热带干旱地区，分布几乎遍及世界各地。在印度和马来西亚一带、非洲大陆和热带地区都有野生芦荟分布。中国的福建、台湾、广东、广西、四川、云南等地均有栽培。芦荟叶簇生、大而肥厚，呈座状或生于茎顶，叶常披针形或叶短宽，边缘有尖齿状刺；花序为伞形、总状、穗状、圆锥形等，色呈红、黄或具赤色斑点，花瓣 6 片、雌蕊 6 枚，花被基部多连合成筒状。芦荟是集药用、食用、美容及观赏于一身的花叶兼备的观赏性植物；芦荟有神奇的功效，对各种烫伤、烧伤、晒伤及皮肤病有不同程度的疗效，具有消炎、抗菌、抗肿瘤等药理作用，对增强人体免疫功能，抑制癌细胞扩散也有显著疗效。

图 7-27　芦荟

（一）外植体选择

取其具有芽点的茎段作为外植体。

（二）无菌外植体的获得

选取 1～2 年生幼芽，用自来水冲洗干净，剪去 3/5 叶片，用饱和中性洗衣粉溶液搅动漂洗 15 min，用自来水冲洗 20 min，用无菌水冲洗 2 次，先用 75% 的酒精消毒 0.5～1 min，再用 0.1% 的 $HgCl_2$ 溶液消毒 8～10 min，用无菌水冲洗 5 次，放在无菌滤纸上吸干水分，将叶片一层层剥掉，露出芽点，轻切茎段两端（不要切到芽点处）为外植体以供接种用。

（三）培养基及温光条件

基本培养基为 MS；芽诱导培养基：① MS+6-BA 3.0 mg/L+NAA 0.2 mg/L；不定芽增殖培养基：② MS+6-BA 2.0 mg/L+NAA 0.1 mg/L 或③ MS+6-BA 3.0 mg/L+NAA 0.2 mg/L；生根培养基：④ 1/2MS+NAA 0.8 mg/L。

上述培养基均加蔗糖 3%，琼脂 0.7%，pH 为 5.8。培养温度为 23～27 ℃，光照时间为 10～12 h/d，光照度为 1 500～2 000 lx。

（四）不定芽诱导与增殖

将灭过菌的外植体接种到培养基①上，7 d 后外植体开始转绿，20 d 后芽点开始萌动生长，不定芽开始分化，35 d 左右茎段芽点诱导 0.2～1.0 cm 形成丛芽，再生率达 75%～95%，平均每个外植体再生不定芽 2.7～4 个。将诱导出的丛芽切下，交替使用培养基②和③进行增殖效果较好。在培养基②中，培养 35 d 增殖 3～4 倍；在培养基③中，培养 35 d 可增殖 5～6 倍。

（五）生根与炼苗移栽

将培养基②和③中 1.0～3.0 cm 的丛生芽单个切下，接种到生根培养基④中，培养 7 d 左右，肉眼可见根原基突起，15～20 d 平均生根 3～8 条。将长 0.5～1.0 cm 的生根试管苗移至晾苗间晾苗 5～7 d 后，从培养瓶内取出小苗，洗净根部培养基，移植于河沙和园土混合的基质中，浇透水，空气湿度不超过 80%。移栽后的生根试管苗浇水不宜太勤，土干立即浇水，成活率可达 95% 以上。

二、川芎的组织培养技术

川芎（*Ligusticum chuanxiong* Hort.，见图 7-28）别名抚芎、小叶川芎，为被子植物门、双子叶植物纲、伞形目、伞形科、藁本属多年生草本植物，株高 20 ~ 60 cm。川芎主产四川，在云南、贵州、广西、湖北、江西、浙江、江苏、陕西、甘肃、内蒙古、河北等省区均有栽培。四川省川西平原的都江堰市、崇州、新都等地是川芎的主产区。川芎栽培历史悠久，药材质量较佳，驰名中外。其中川产川芎占全国总产量的 90% 以上，都江堰市占全国的 65% 以上，并且个大、饱满、坚实、断面色黄白、油性足、香气浓郁，质量上佳。

川芎根茎发达，形成不规则的结节状拳形团块，具有浓烈香气；茎直立，圆柱形，具有纵条纹，上部多分枝，下部茎节膨大呈盘状（苓子）；茎下部叶具柄，基部扩大成鞘，叶片轮廓卵状三角形，3 ~ 4 回三出式羽状全裂，羽片 4 ~ 5 对，卵状披针形，末回裂片线状披针形至长卵形，具小尖头，茎上部叶渐简化；复伞形花序顶生或侧生；幼果两侧扁压。

川芎以干燥的根茎入药，是常用的中药材之一，有活血行气、祛风止痛、疏肝解郁的功能，主治头痛、胸肋痛、痛经、风湿痛、跌打损伤等症。

图 7-28　川芎

（一）外植体选择

取其茎生叶叶柄作为外植体。

（二）无菌外植体的获得

取茎生叶叶柄，用自来水洗净，并用无菌水冲洗 2 次，先用 70% 的酒精消毒 20 ~ 30 s，然后再用 0.1% 的 $HgCl_2$ 溶液消毒 8 ~ 10 min，用无菌水冲洗 4 ~ 6 次，用无菌滤纸吸干水后，将叶柄切成约 5 mm 的切段为外植体以供接种用。

（三）培养基及温光条件

基本培养基为 MS；愈伤组织诱导与增殖培养基：①MS+2,4-D 1.0 ~ 1.0 mg/L+KT 1.0 mg/L；芽的分化培养基：②MS+6-BA 2.0 mg/L；生根培养基：③I/2MS+NAA 0.5 mg/L + IBA 0.5 mg/L。

上述培养基均加蔗糖 2%，琼脂 0.7%，pH 为 5.8。接种后将外植体置于 20 ~ 26 ℃ 条件下暗培养（5 ~ 9 月）；外植体接种后置于 18 ~ 22 ℃ 条件下暗培养（10 月份至次年 4 月份）。分化培养及生根阶段转为光培养，光照时间为 8 ~ 10 h/d，光照度为 1 500 ~ 2 000 lx。

（四）愈伤组织诱导与增殖

将灭过菌的外植体接种于培养基①上，培养 10~15 d 后叶柄切口处逐渐膨大；培养 30 d 左右时，从切段的一端或两端长出质地疏松的愈伤组织，初为白色，继续生长逐渐变为黄色；培养 60 d 后，愈伤组织诱导率达 80%以上。将愈伤组织从外植体切下，转接到相同新鲜的培养基①上进行继代培养，每隔 50~60 d 继代 1 次，连续继代 3~4 次，愈伤组织仍保持很高的增殖能力和植株再生能力。

（五）芽的分化与生根

将继代 3~4 次的愈伤组织转接于芽分化培养基②上，部分愈伤组织表面形成簇生的小圆粒状结构，然后从这种结构上继续增生，分化出许多绿色的不定芽，并发育成丛生小苗。可将这些愈伤组织切成小块转到相同新鲜培养基②上，仍能继续增殖和分化，由愈伤组织的粒状结构再生植株。将分化培养基上形成的无根苗切下转入生根培养基③上，7 d 左右可生出较多的白色幼根，形成完整的小植株。

三、川贝母的组织培养技术

川贝母（*Fritillaria cirrhosa* Don.，见图 7-29）为被子植物门、单子叶植物纲、百合目、百合科、贝母属多年生草本植物。川贝母分布较广，主产于我国四川、陕西、湖北、甘肃、青海和西藏。株高 15~50 cm；鳞茎由 2 枚鳞片组成；叶通常对生，少数在中部兼有散生或 3~4 枚轮生的，条形至条状披针形，先端稍卷曲或不卷曲；花通常单朵，极少 2~3 朵，紫色至黄绿色，通常有小方格，少数仅具斑点或条纹，每花有 3 枚叶状苞片，苞片狭长；蒴果，棱上有狭翅。川贝母以鳞茎入药，有清热润肺、化痰止咳的功效，用于治疗肺热燥咳、干咳少痰、阴虚劳嗽、咳痰带血等症。

图 7-29 川贝母

（一）外植体选择

其幼叶、花梗、花被及子房均可作为外植体。

（二）无菌外植体的获得

于早春取尚未开花的花梗及花蕾，用饱和漂白粉溶液浸泡 15~20 min，自来水冲洗后，用无菌水冲洗 2 次，先用 70%的酒精消毒 20 ~ 30 s，然后用 0.1%的 HgCl₂溶液消毒 2 min，用无菌水冲洗 4 次，沥干水备用；如用鳞茎作外植体，可先剥去鳞片上的栓皮，用水洗净后，在 0.1%的 HgCl₂溶液中消毒 20 min，用无菌水冲洗 4 ~ 5 次，用无菌纸吸干水分，切成方约 5 mm、厚 2 mm 的小块为外植体以供接种用。

（三）培养基及温光条件

基本培养基为 MS；愈伤组织诱导培养基：①MS+KT 1.0 mg/L+NAA 1.0 ~ 1.5 mg/L 或 ②MS+2, 4-D 0.5 ~ 1.0 mg/L+KT 1.0 mg/L；分化培养基：③MS+6-BA 4.0 ~ 8.0 mg/L+ IAA 1.0 ~ 1.5 mg/L。

上述培养基均加琼脂 0.7%，pH 为 5.8，培养基①、②加蔗糖 4%，培养基③加蔗糖 3%。培养温度为 18 ~ 20 °C，光照时间为 10 h/d，光照度为 1 500 ~ 2 000 lx。

（四）分化培养与植株再生

将灭过菌的外植体接种于培养基①和②上，置于温度为 18 ~ 20 ℃、光照度为 1 500 ~ 2 000 lx、光照时间为 12 h/d 的条件下，愈伤组织生长良好。愈伤组织在培养基①、②中可以长期继代培养，并不丧失生长和分化能力。将愈伤组织转移到分化培养基③上培养，愈伤组织可分化出白色的小鳞茎，且有根发生。所分化的小鳞茎在形态上与栽培得到的小鳞茎无差别，4 个月内小鳞茎达到栽培条件下由种子繁殖所得到的 2 ~ 3 年生鳞茎大小。将这些小鳞茎置于 2 ~ 15 ℃ 低温黑暗下放置 15 ~ 20 d 后，再转入常温光照下，可以很快由鳞茎中央长出健壮小植株，以后按常规移栽，生长良好。

四、野葛的组织培养技术

野葛（*Pueraria lobata*，见图 7-30）又名毒根、胡蔓草、断肠草、黄藤、火把花等，为被子植物门、单子叶植物纲、蝶形花科、葛属落叶攀援状灌木。野葛主要分布在海拔 1 850 m 的山谷杂木林缘，中国的四川、贵州、湖南、湖北、台湾均有分布。枝纤细，被短柔毛或无毛；叶大，偏斜，托叶基生，披针形，早落，小托叶小，刚毛状，顶生小叶倒卵形，先端尾状渐尖，基部三角形，全缘，上面绿色，无毛，下面灰色，被疏毛；总花梗长，纤细，簇生于总状花序每节上；荚果直，无毛，果瓣近骨质。野葛具肥厚的大块根，可入药，具有清热排毒、解痉镇痛、升阳解肌、透疹止泻、润肠通便的功效。

图 7-30　野葛

（一）外植体选择

取其无菌子苗的叶块作为外植体。

（二）无菌外植体的获得

取萌发 10 d 的种苗，用自来水洗净后，经 70%的酒精消毒 30 s，再用 0.1%的 HgCl$_2$ 溶液消毒 10 min，并用无菌水冲洗 5～6 次后，将小苗子叶切成 0.5 cm×0.5 cm 的小块为外植体以供接种用。

（三）培养基及温光条件

基本培养基为 MS；愈伤组织诱导与继代增殖培养基：①MS+2，4-D 1.0 mg/L+KT 0.5～1.0 mg/L；芽的诱导培养基：②MS+6-BA 3.0 mg/L+NAA 1.0 mg/L；生根培养基：③MS+NAA 0.1 mg/L。

上述培养基均加蔗糖 3%，琼脂 0.8%，pH 为 5.8。培养温度为 25 ℃，光照时间为 14 h/d，光照度为 2 000 lx。

（四）愈伤组织诱导与增殖

将灭过菌的子叶块接种到培养基①上，20 d 后产生浅绿色或浅黄色致密的愈伤组织。若不进行继代，愈伤组织会产生 1～12 条不定根并逐渐褐化死亡。若 10 d 继代 1 次，经 4～5 次继代后，子叶产生的浅绿色愈伤组织增殖，不褐变，也不产生不定根。

（五）芽的诱导

将增殖后的浅绿色愈伤组织切块，转接到芽的诱导培养基②上，20 d 后，浅绿色致密愈伤组织分散成透明状，呈圆球形或瘤状突起，从浅绿色或灰白色愈伤组织上，不断分化产生幼芽，每个愈伤组织块产生 15～20 株，形成簇生幼苗。

（六）生根与移载

将上述无根幼苗切成单芽，接种到生根培养基③上，10 d 后生根并长成小植株。待小苗长至 5～6 cm 时，打开瓶盖，小心取出试管苗洗净根部培养基，移至盛有蛭石、椰糠、菜园土（1∶1∶2）混合基质的营养钵中，并用薄膜覆盖保湿 3～5 d，小苗成活率可达 90%以上。

五、绞股蓝的组织培养技术

绞股蓝（*Gynostemma pentaphyllum*，见图 7-31）又名七叶胆、五叶参、七叶参、小苦药等，为被子植物门、双子叶植物纲、葫芦目、葫芦科、绞股蓝属草质攀援植物。绞股蓝主要生长在海拔 300～3 200 m 的山谷密林、山坡疏林、灌丛或路旁草丛中，主要分布于中国、印度、尼泊尔、孟加拉、斯里兰卡、缅甸、老挝、越南、马来西亚、印度尼西亚、新几内亚、朝鲜和日本，在中国主要分布在陕西、甘肃、湖南、湖北、云南、广西等省。茎细弱，具分枝，具纵棱及槽，无毛或疏被短柔毛；叶膜质或纸质，鸟足状，被短柔毛或无毛；小叶卵状长圆形或披针形；花雌雄异株，雄花圆锥花序，花序轴纤细，多分枝，有时基部具小叶，被短柔毛；花梗丝状，基部具钻状小苞片；雌花圆锥花序远较雄花短小；果实肉质不裂，球形，成熟后黑色，光滑无毛，内含倒垂种子 2 粒。种子卵状心形，灰褐色或深褐色，顶端钝，基部心形，压扁，两面具乳突状凸起。绞股蓝制成茶对人体有很好的益处，绞股蓝茶取材于绞股蓝叶腋部位的嫩芽和龙须，汤色清澈，长期饮用，无任何毒副作用，还可降血脂、调血压、防止血栓、防止心血管疾患，调节血糖，促睡眠，缓衰老，抗癌，提高免疫力，调节人体生理机能。生长在南方的绞股蓝药用含量比较高，民间称其为神奇的"不老长寿药草"。1986 年，国家科委在"星火计划"中，把绞股蓝列为待开发的"名贵中药材"的首位。

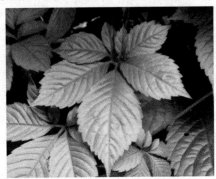

图 7-31　绞股蓝

（一）外植体选择

取带腋芽茎段作为外植体。

（二）无菌外植体的获得

取带腋芽嫩枝条，用自来水冲洗干净，先用 70%的酒精表面消毒 20 ~ 30 s，再用 0.1%的 $HgCl_2$ 溶液消毒 8 ~ 10 min，用无菌水冲洗 4 ~ 5 次后，将嫩枝条剪成带 1 个腋芽、长 0.5 ~ 1.0 cm 的茎段为外植体以供接种用。

（三）培养基及温光条件

基本培养基为 MS；丛生芽诱导培养基：①MS+6-BA 1.0 ~ 1.5 mg/L+NAA 0.1 mg/L+ CH（水解乳蛋白）200 mg/L；生根培养基：②MS。

①培养基加蔗糖 4%，②培养基加蔗糖 1.5%，琼脂 0.7%，pH 为 5.8。培养温度为（25±2）℃，光照时间为 10 h/d，光照度为 1 500 lx。

（四）分化培养与植株再生

将灭过菌的外植体接种于培养基①中，培养 20 d 后外植体产生丛生芽，每个外植体产生芽苗数多达 10 ~ 20 个。待芽苗伸长至 2 cm 左右，将芽苗切成单芽，转入生根培养基②中，10 d 左右芽苗开始生根，继续培养 15 d 后形成生长正常的试管苗，然后进行炼苗移栽。

六、何首乌的组织培养技术

何首乌（*Fallopia multiflora*，见图 7-32）又名多花蓼、紫乌藤、夜交藤等，为被子植物门、双子叶植物纲、蓼目、蓼科、何首乌属多年生缠绕藤本植物。何首乌主要生长在海拔 200 ~ 3 000 m 的生山谷灌丛、山坡林下、沟边石隙，分布在陕西南部、甘肃南部、华东、华中、华南、四川、云南及贵州，日本也有分布。块根肥厚，长椭圆形，黑褐色；茎缠绕，多分枝，具纵棱，无毛，微粗糙，下部木质化；叶卵形或长卵形，顶端渐尖，基部心形或近心形，两面粗糙，边缘全缘，托叶鞘膜质，偏斜，无毛；花序圆锥状，顶生或腋生，分枝开展，具细纵棱，沿棱密被小突起；苞片三角状卵形，具小突起，顶端尖，每苞内具 2～4 花；花梗细弱，下部具关节，果时延长；花被片椭圆形，大小不相等，外面 3 片较大背部具翅，果时增大，花被果时外形近圆形；瘦果卵形，具 3 棱，黑褐色，有光泽，包于宿存花被内。何首乌的块根可入药，是常见的名贵中药材，具有安神、养血、活络、解毒、消痈的功效；何首乌还可以补益精血、乌须发、强筋骨、补肝肾。

图 7-32 何首乌

（一）外植体选择

取植株上幼嫩茎尖作为外植体。

（二）无菌外植体的获得

在 3、4 月份，取生长健壮的何首乌植株茎尖，用自来冲洗 30 min，剪去展开的叶片，剪取 0.8 cm 大小的芽尖，用无菌水冲洗 2 次，先用 70% 的酒精消毒 30 s，再转入 0.1% 的 $HgCl_2$ 消毒 10 min 左右，用无菌水冲洗 5～6 次，用无菌滤纸吸干表面水分后为外植体以供接种用。

（三）培养基及温光条件

基本培养基为 MS；愈伤组织诱导培养基：①1/2MS++2,4-D 0.1～0.3 mg/L；芽分化培养基：②MS+6-BA 1.0 mg/L；生根培养基：③1/2MS+NAA 0.1～0.3 mg/L。

上述培养基均加琼脂 0.7%，pH 为 5.8～6.0，①和②号培养基加蔗糖 3%，③号培养基加蔗糖 1.5%。培养温度为（25±1）℃，光照时间为 12 h/d，光照度为 1 500～2 000 lx。

（四）芽的诱导与增殖

将灭过菌的外植体接种到培养基①和②上，接种培养基①的外植体培养 6 d 后基部切口处形成愈伤组织，为浅褐色，并逐渐向培养基表面发展；接种在培养基②上的外植体基部均膨大，愈伤组织初为绿色结构致密，将愈伤组织切割再转入到新鲜培养基②中，芽分化诱导效果好，丛芽多，并逐渐形成无根苗。待无根苗长至 2～5 cm 时，可在培养基②中进行增殖培养，15～20 d，芽苗基部叶腋处有侧芽发生，基部切口处形成愈伤组织并进一步分化出不定芽，逐渐形成丛芽，切开丛芽继代培养，25～30 d 可继代 1 次。

（五）生根与移栽

剪取 2 cm 长的分化芽苗接种于培养基③上，20 d 后产生不定根，当苗根长至 3 ~ 5 cm 时，打开瓶盖，室温下炼苗 5 ~ 7 d，然后取出小苗，置于盛河沙的盆中，温度控制在 25 ~ 30 ℃，空气相对湿度控制在 60% ~ 70%，15 d 后成活率为 80% 左右。

七、铁皮石斛的组织培养技术

铁皮石斛（*Dendrobium officinale*，见图 7-33）又名黑节草、云南铁皮、铁皮斗，为被子植物门、单子叶植物纲、微子目、兰科、石斛属多年生附生草本植物。铁皮石斛主要生长在海拔达 1 600 m 的山地半阴湿的岩石上，主要分布于安徽西南部（大别山）、浙江东部（鄞县、天台、仙居）、福建西部（宁化）、广西西北部（天峨）、四川、云南东南部（石屏、文山、麻栗坡、西畴）等地。茎直立，圆柱形；叶二列，纸质，长圆状披针形，先端钝并且多少钩转，基部下延为抱茎的鞘，边缘和中肋常带淡紫色，叶鞘常具紫斑，老时其上缘与茎松离而张开；总状花序常从落了叶的老茎上部发出，具 2 ~ 3 朵花，萼片和花瓣黄绿色，近相似，长圆状披针形，花期 3 ~ 6 月。铁皮石斛具有较高的观赏价值，其茎又可入药，属补益药中的补阴药，具有生津养胃、滋阴清热、润肺益肾、明目强腰的功效。

图 7-33　铁皮石斛

（一）外植体选择

取其胚为外植体。

（二）无菌外植体的获得

先取胚龄 120 d 的幼果，去除宿存花被，用 75% 的酒精表面灭菌 20 s，然后置于 10% 的次氯酸钠溶液中消毒 15 min，用无菌水冲洗 4 ~ 5 次，取其胚为外植体以供接种用。

（三）培养基及温光条件

基本培养基为改良 N_6（N_6 培养基中 KNO_3 的含量改为 3 000 mg/L，$(NH_4)_2SO_4$ 改为 200 mg/L，其他成分同 N_6）；胚培养的培养基：①改良 N_6+NAA 0.2 mg/L+10% 椰乳；壮苗生根培养基：②改良 N_6+NAA 0.2 mg/L+10% 香蕉汁+1% 活性炭。

上述培养基均加蔗糖 2%，琼脂 0.7%，pH 为 5.8。培养温度为 25 ~ 28 ℃，光照时间为 12 h/d，光照度为 1 500 ~ 2 000 lx。

（四）铁皮石斛胚培养

将灭过菌的胚均匀撒播于培养基①上，一般 7～10 d 后萌发率为 85%～95%，胚萌发后转瓶快繁。培养 30 d 后芽开始生长，不久形成小植株，大多数小植株无根，即可进行生根培养。

（五）生根与炼苗移栽

将无根苗转入生根培养基②中，根系发育好，苗粗壮。移栽前，先将石斛试管苗在室内开瓶炼苗 8～10 d，以增强幼苗对环境的适应能力，并促使根系粗壮发达，然后取出小苗洗净根部培养基植于碎砖块、珍珠岩、碎木炭（4：1：1）并加适量园土的混合基质中，浇透水，放入防雨荫棚内（见图 7-34）。定根前要控制水分，7 d 内不浇水，只要保持叶面及基质湿润即可，以后随着植株生长逐渐增加淋水和曝光程度。

图 7-34　铁皮石斛炼苗移栽

八、金线莲的组织培养技术

金线莲（*Anoectochilus roxburghii*，见图 7-35）别名花叶开唇兰、金线风，为被子植物门、单子叶植物纲、微子目、兰科、开唇兰属多年生草本植物。金线莲生于海拔 50～1 600 m 的常绿阔叶林下或沟谷阴湿处，产于中国、日本、泰国、老挝、越南、印度、不丹、尼泊尔，孟加拉国也有分布。株高 8～18 cm；根状茎匍匐，伸长，肉质，具节，节上生根；茎直立，肉质，圆柱形，具 2～4 枚叶；总状花序具 2～6 朵花，花白色或淡红色，不倒置（唇瓣位于上方），花瓣质地薄，近镰刀状，花期 8～11 月。以全草入药，具有清热凉血、解毒消肿、润肺止咳的功效，主要用于治疗咯血、咳嗽痰喘、小便涩痛、消渴、乳糜尿、小儿急惊风，对口疮、心脏病、毒蛇咬伤也有疗效。

（一）外植体选择

取其腋芽、顶芽作为外植体。

（二）无菌外植体的获得

将金线莲植株洗净后去掉根、叶，再用小刀把叶鞘削掉，整个过程不要伤及腋芽及顶芽。用棉花沾肥皂水擦洗植株后用纱布包起，移至超净工作台上。用 75% 的酒精表面灭菌 15 s，用无菌水冲洗 3 次，然后置于 10% 的次氯酸钠溶液中消毒 15 min，用无菌水冲洗 4～5 次，适当修剪，带 1~2 个腋芽的茎段为外植体以供接种用。

图 7-35　金线莲

（三）培养条件及温光条件

基本培养基为 MS；芽诱导培养基：①1/2MS+6-BA 5.0 mg/L+NAA1.0 mg/L；继代培养基：②MS+6-BA 3.0 mg/L+NAA 0.3 mg/L+KT 2.0 mg/L；生根培养基：③1/2MS+NAA 4.0 mg/L。

上述培养基均加蔗糖 3%，琼脂 0.5%，pH 为 6。培养温度为（23±2）℃，光照时间为 12 h/d，光照度为 800~1 200 lx。

（四）芽的诱导与增殖

将灭过菌的带腋芽的茎段接种到培养基①中，15 d 后开始萌动，腋芽以丛生生长为主，顶芽以伸长生长为主。30 d 后，将诱导出的芽切成带 1~2 个腋芽的茎段，接到培养基②中进行增殖培养。

（五）生根移栽

将得到的粗壮无根苗接种于③号培养基上，10 d 后开始生根，根不从切口处而从靠近培养基的每个节上长出 1~2 条，呈肉质状。根比较短且不分支，其上有细密、乳白色的根毛，培养 50 d 左右，植株长至 10 cm 时可进行室外移栽。栽培基质采用腐殖土、椰糠、细沙（1：1：1）。移植前基质进行日晒消毒。空气相对湿度保持在 70%~85%。

九、黄精的组织培养技术

黄精（*Polygonatum sibiricum*，见图 7-36）又名鸡头黄精、黄鸡菜、笔管菜、爪子参、老虎姜、鸡爪参，为被子植物门、单子叶植物纲、百合目、百合科、黄精属多年生草本植物。黄精生于海拔 800~2 800 m 的林下、灌丛或山坡阴处，分布于黑龙江、吉林、辽宁、河北、山西、陕西、内蒙古、宁夏、甘肃（东部）、河南、山东、安徽（东部）、浙江（西北部），朝鲜、蒙古和俄罗斯西伯利亚东部地区也有分布。根状茎圆柱状，由于结节膨大，因此"节间"一头粗、一头细，在粗的一头有短分枝（中药志称这种根状茎所制成的药材为鸡头黄精），直径 1~2 cm；茎高 50~90 cm，或可达 1 m 以上，有时呈攀援状；叶轮生，每轮 4~6 枚，条状披针形，先端拳卷或弯曲成钩；花序通常具 2~4 朵花，呈伞形状，俯垂；浆果，黑色，具 4~7 枚种子。黄精的根茎可入药，具有补脾、润肺生津的作用。黄精是集药用、食用、观赏于一身的植物，市场需求量日益增加，具有良好的经济效益。

图 7-36　黄精

（一）外植体的选择

黄精的带芽根茎可作为外植体。

（二）无菌外植体的获得

将黄精根茎从土中挖出，洗去泥土。用刀切取带芽根茎于洗洁精水溶液中浸泡 5 min，然后用自来水冲洗干净；用 75%酒精擦洗表面，再用自来水冲洗干净；在超净工作台上，用 75%酒精消毒 0.5 min，用无菌水冲洗，再用 0.1%的 $HgCl_2$ 溶液消毒约 8 min，无菌水冲洗 4~5 次，用刀切去伤口坏死部分为外植体，以供接种用。

（三）培养条件及温光条件

基本培养基为 MS；芽诱导培养基为①MS+6-BA 3.0 mg/L+NAA 0.2 mg/L；继代培养基为②MS+6-BA 2.0 mg/L+NAA 0.2 mg/L+GA_3 0.5 mg/L；生根培养基为③1/2MS+IBA 0.7 mg/L。

上述培养基均加蔗糖 3%，琼脂 0.5%，pH 为 5.8。培养温度为（20±2）℃，光照时间为 12 h/d，光照度为 2 000 lx。

（四）芽的诱导与增殖

将灭过菌的芽接种到培养基①中，45 d 后，逐渐形成不定芽。将分化有不定芽的块茎切成直径 0.5 cm 大小接种于培养基②中进行增殖培养，约 45 d 后可继代 1 次，增殖倍数可达 10 倍。

（五）生根与炼苗移栽

将得到的粗壮无根苗（同带芽根茎）单个切下，接种于③号培养基上，45 d 后根均形成，成苗率达 80%~90%，并且根色白而粗。将已生根的黄精带芽根茎敞口炼苗 3 d，选取根数在 4 条以上、平均根长 1 cm 以上的黄精根茎，用自来水冲去琼脂，栽种到基质（珍珠岩与蛭石 2∶1 混合）中，每隔 7 d 施用一次营养液，30 d 后成活率达到 85%以上。

十、丹参的组织培养技术

丹参（*Salvia miltiorrhiza* Bge.，见图 7-37）又名紫丹参、赤参、血丹参、红丹参，为被子植物门、双子叶植物纲、唇形科、鼠尾草属多年生草本植物。丹参主产于四川、安徽、江苏等省，我国大部分省、自治区均有分布和栽培。株高 30 ~ 100 cm；根细长，圆柱形，外皮朱红色；茎四棱形，上部分枝；叶对生，单数羽状复叶，小叶 3 ~ 5 片，顶端小叶片较侧生叶片大，小叶片卵圆形；轮伞花序顶生兼腋生，花唇形，蓝紫色，上唇直立，下唇较上唇短；小坚果长圆形，熟时暗棕色或黑色。丹参以干燥的根入药，为常用中药，具有活血化淤、消肿止痛、养血安神的功效，另外还有增强免疫力、保护肾脏等作用。近代医学临床用它来治疗冠心病、心绞痛等，疗效显著，市场前景非常广阔。

图 7-37　丹参

（一）外植体选择

取其叶、带芽茎段作为外植体。

（二）无菌外植体的获得

将丹参健壮叶片或带芽茎段用自来水冲洗 2 h，在超净工作台上用 75% 的酒精浸泡 5 s，用无菌水洗 1 次，用 0.1% 的 $HgCl_2$ 常规灭菌 6 min，用无菌水冲洗 5 次。将灭菌好的叶片切成 0.5cm×0.5 cm 的小块，茎段切成 0.5 cm 的小段，以供接种用。

（三）培养条件及温光条件

基本培养基为 MS；芽诱导培养基为①MS+6-BA 3.0 mg/L+NAA 0.5 mg/L；继代培养基为②MS+6-BA 1.0 mg/L+NAA 0.1 mg/L；生根培养基为③MS+NAA 0.5 mg/L。

上述培养基均加蔗糖 3%，琼脂 0.5%，pH 为 5.8。培养温度为（23±2）℃，光照时间为 12 h/d，光照度为 2 000 ~ 3 000 lx。

（四）芽的诱导与增殖

将灭过菌的叶片或带腋芽的茎段接种到培养基①中，20 d 后整个切段开始生成愈伤组织，30 d 左右形成丛生芽，有些是直接受到激素诱导形成丛生芽。待芽体长到一定高度后，将其切断转接到培养基②中进行增殖培养。

（五）生根移栽

将得到的无根苗接种于③号培养基上，15 d 后开始生根。丹参试管苗生根比较容易，约 40 d，便可见苗底部生长出细长白色的根，为 5 ~ 8 条。

十一、白芨的组织培养技术

白芨（*Bletilla striata*，见图 7-38）又名连及草、甘根、白给、箬兰、朱兰、紫兰、紫蕙、百笠，为被子植物门、单子叶植物纲、微子目、兰科、白芨属多年生草本植物。白芨原产中国，广布于长江流域各省，日本、缅甸北部也均有分布。株高 18～60 cm；叶 4～6 枚，狭长圆形或披针形，先端渐尖，基部收狭成鞘并抱茎；花序具 3～10 朵花，常不分枝或极罕分枝，花大，紫红色或粉红色，也有变种白花白芨，花白色，园艺品种还有蓝、黄、粉红等色；种子极细小，似粉末状，无胚乳。白芨具有广泛的药用价值及园林价值，主要用于收敛止血，消肿生肌；花有多色，可盆栽室内观赏，也可点缀于较为荫蔽的花台、花境或庭院一角。

图 7-38 白芨

（一）外植体选择

取其侧芽作为外植体。

（二）无菌外植体的获得

将白芨带侧芽茎段用洗衣粉溶液浸泡 20 min，然后用自来水冲洗干净，在超净工作台上用 75%的酒精浸泡 10 s，用无菌水洗 1 次，用 0.1%的 $HgCl_2$ 常规灭菌 8 min，用无菌水冲洗 5 次。将灭菌好的侧芽从茎上切下以供接种用。

（三）培养条件及温光条件

基本培养基为 MS；芽诱导培养基为①MS+6-BA 1.5 mg/L+NAA 0.1 mg/L；继代培养基为②MS+6-BA 2.0 mg/L+NAA 0.2 mg/L；生根培养基为③1/2MS+NAA1.0mg/L。

上述培养基均加蔗糖 3%，琼脂 0.5%，pH 为 5.8。培养温度为（23±2）℃，光照时间为 12 h/d，光照度为 2 000～3 000 lx。

（四）芽的诱导与增殖

将灭过菌的侧芽接种到培养基①中，30 d 后诱导出丛生芽，诱导率可达 90%以上。当诱导丛生芽长到 1～2 cm 时，将其切分成单芽，接种到培养基②中进行增殖培养，15 d 后在节间处出现一个个小突起，30 d 后长成丛生芽，增殖系数可达 5 倍。

（五）生根与炼苗移栽

将无根白芨苗转接到③号培养基上，40 d 后全部生根。当白芨组培苗在生根培养基上长有 3 条以上根时，将瓶苗置于室内炼苗 5 d，再打开瓶盖继续炼苗 2 d，然后将小苗从增养瓶中取出，洗净黏附在根部的培养基，假植到沙床中 3 个月，再移栽到大田，成活率达 88%。

十二、山葵的组织培养技术

山葵（*Wasabia japonica*，见图 7-39）别名山蓄菜、瓦莎荜、泽山葵、溪山葵，为被子植物门、双子叶植物纲、十字花科、山嵛菜属多年生草本植物。山葵主要分布于中国和日本，是一种生长于海拔 1 300～2 500 m 高寒山区林荫下的珍稀辛香植物。株高 20～50 cm；须根系；叶丛生，圆心形，叶缘有波状锯齿；地下茎肥呈圆锥状，淡绿色，有辛辣味，研磨后味更浓烈；总状花序顶生或腋生，花瓣白色；长角果；种子绿色，形同萝卜种子。山葵是一种经济价值很高的蔬菜兼药用植物，全株可入药，具有强烈的香辛、辣味，是日本吃生鱼片、海鲜类的高级调味品，被人们誉为"绿色黄金"。山葵根茎可以制成山葵酱等佐料，叶柄可制成别有风味的腌酱菜，叶子可以用来煮汤、油炸或清炒，不但口感好，还具有杀菌、预防肿瘤等多种药理作用，其成分及功能一直备受人们关注。由于其适宜生长的条件很特殊，所以价格昂贵。

图 7-39　山葵

（一）外植体选择

取其胚轴、真叶柄作为外植体。

（二）无菌外植体的获得

将山葵胚轴、真叶柄小心取下，用自来水冲洗 1 h，在超净工作台上用 75% 的酒精浸泡 3 s，用无菌水洗 1 次，用 0.1% 的 $HgCl_2$ 常规灭菌 5 min，然后用无菌水冲洗 5 次，再用无菌滤纸吸干材料表面的水分，以供接种用。

（三）培养条件及温光条件

基本培养基为 MS；芽诱导培养基为①MS+6-BA 1.0 mg/L+2, 4-D 2.0 mg/L；继代培养基为②MS+6-BA 1.0 mg/L+NAA 2.0 mg/L；生根培养基为③1/2MS+NAA 1.0 mg/L。

上述培养基均加蔗糖 3%，琼脂 0.5%，pH 为 6。培养温度为（20±1）℃，光照时间为 12 h/d，光照度为 1 800 ~ 2 000 lx。

（四）芽的诱导与增殖

将灭过菌的胚轴或真叶柄接种到培养基①中，4 d 后，材料出现膨大，随后膨大明显并胀裂表皮，接着从表皮的内层细胞长出浅黄色愈伤组织。25 d 后愈伤组织完全形成。将愈伤组织接种到培养基②中进行增殖培养，30 d 后从愈伤组织中长出小芽。

（五）生根与炼苗移栽

将无根山葵苗转接到③号培养基上，25 d 后开始生根。当组培苗在生根培养基上长有 3 条以上根时，将瓶苗置于室内炼苗 7 d，再打开瓶盖继续炼苗 2 d，然后将小苗从培养瓶中取出，洗净黏附在根部的培养基，假植到苗床中。栽培基质用复合肥和硼砂与土拌匀即可移栽。

任务五　花卉类植物的组织培养技术

一、墨兰的组织培养技术

墨兰（*Cymbidium sinense*，见图 7-40）又名报岁兰，为被子植物门、单子叶植物纲、微子目、兰科、兰属多年生常绿草本植物。墨兰原产中国、越南和缅甸，主要分布在我国安徽南部、江西南部、福建、台湾、广东、海南、广西、四川（峨眉山）、贵州西南部和云南，印度和泰国也有分布。叶丛生于椭圆形的假鳞茎上，叶片剑形，深绿色，具光泽；花茎通常高出叶面，在野生状态下可达 80 ~ 100 cm，有花 7 ~ 17 朵，苞片小，基部有蜜腺，萼片披针形，淡褐色，有 5 条紫褐色的脉，花瓣短宽，唇瓣三裂不明显，先端下垂反卷。墨兰是具有极高观赏价值的兰花。

图 7-40　墨兰

（一）外植体选择

取种子萌发形成的原球茎作为外植体。

（二）无菌外植体的获得

取墨兰的蒴果，用自来水冲洗干净，用 75% 的酒精消毒 30 s，再用 0.1% 的 $HgCl_2$ 溶液消毒 10 min，用无菌水冲洗 5 次，取出种子置于培养基①中，培养 90 d 后，种子萌发形成原球茎为外植体以供接种用。

（三）培养基及温光条件

基本培养基为 MS；种子萌发培养基：①1/2MS；芽分化培养基：②1/2MS+6-BA 5.0 mg/L+NAA 0.5 mg/L+椰子汁 50 g/L；生根培养基：③1/2MS+6-BA 1.0 mg/L+NAA 1.0 mg/L+ 0.5%活性炭。

上述培养基均加蔗糖 3%，琼脂 0.7%，pH 为 5.0。培养温度为（25±2）℃，光照时间为 10 h/d，光照度为 2 000 lx。

（四）芽的诱导

种子萌发形成原球茎后，待根状茎长至 2~3 cm 长时，从基部掰开并切成 1 cm 长，接种于芽分化培养基②上，培养 20 d 后，原球茎逐渐膨大，并从原球茎顶端或侧端分化出芽，出芽率达 95% 以上，芽生长健壮。培养 30 d 后，芽开始长出两片真叶，这时应及时转瓶培养，否则茎段切口处由于酚类代谢物存在而产生褐变。

（五）生根与移栽

当芽长至 2~3 cm 时，移至生根培养基③上，20 d 后，从根状茎基部分化出约 3 条白色根，形成完整的植株，再培养 30 d 后，试管苗高约 10 cm 时，便可移栽。移栽时，小心将试管苗从培养瓶中取出洗净根部培养基，移栽于消过毒的细沙、蛭石、菜园土（1∶1∶2）的混合基质中，用塑料薄膜覆盖保湿、保温，相对湿度在 90% 以上，移栽的试管苗成活率达 95% 以上。试管苗生长快，叶色鲜绿，40~60 d 后即可进行盆栽。

二、大花蕙兰的组织培养技术

大花蕙兰（*Cymbidium hubridum*，见图 7-41）又名喜姆比兰，为被子植物门、单子叶植物纲、兰科、兰属多年生草本植物。花瓣很大，直径可达 10 cm，因此而得名。大花蕙兰的生产地主要是日本、韩国、中国、澳大利亚及美国等。大花蕙兰品种很多，达上千种。它是由兰属中的大花附生种、小花垂生种以及一些地生兰经过一百多年的多代人工杂交育成的品种群。世界上首个大花蕙兰品种为 *Cymbidium Eburneo-lowianum*，是用原产于中国的独占春（*C.eburneum*）作母本，碧玉兰（*C.lowianum*）作父本，于 1889 年在英国首次培育而得。其后美花兰（*C.insigne*）、虎头兰（*C.hookerianum*）、红柱兰（*C.erythrostylum*）、西藏虎头兰（*C.tracyanum*）等 10 多种野生种参与了杂交育种。大花蕙兰叶长碧绿，花姿粗犷，豪放壮丽，是世界著名的"兰花新星"。它具有国兰的幽香典雅，又有洋兰的丰富多彩，在国际花卉市场十分畅销，深受花卉爱好者的喜爱。

（一）外植体选择

取其茎尖作为外植体。

（二）无菌外植体的获得

选择生长健壮、无病虫害植株，在假鳞茎上取新萌发的侧芽为外植体。用洗衣粉洗净，并用自来水冲洗干净,先用 75% 的酒精消毒 5 ~ 10 s,再用 0.1% 的 $HgCl_2$ 溶液消毒 10 ~ 15 min,用无菌水反复冲洗 5 次,在无菌条件下剥出 5 mm 左右的茎尖为外植体以供接种用。

图 7-41 大花蕙兰

（三）培养基及温光条件

基本培养基为 MS;原球茎诱导培养基:①MS+KT 0.5 mg/L+IBA 0.5 mg/L+20% ~ 30% 苹果汁+30% 椰子汁;继代增殖培养基:②MS+6-BA 1.0 mg/L+NAA 0.5 ~ 1.0 mg/L+20% ~ 30% 苹果汁+30% 香蕉汁;生根培养基:③1/2MS。

上述培养基均加蔗糖 3%,琼脂 0.7%,pH 为 5.8。培养温度为（25±2）℃,光照时间为 10 ~ 12 h/d,光照度为 1 500 lx。

（四）原球茎的诱导与增殖

将无菌外植体接种于培养基①上,放入培养室内进行无菌培养。15 ~ 20 d 后,外植体开始膨大,约 60 d 后,形成绿色原球茎。在原球茎分化出茎叶之前,将原球茎取出切成小块,转入培养基②中,进行增殖培养。约 30 d 后,由原球茎先后长出叶原基、幼叶,如图 7-42 所示。

图 7-42 大花蕙兰原球茎增殖与植株再生

（五）幼苗分化与生根移栽

在增殖培养基②上,原球茎增殖的同时,部分原球茎开始分化,逐渐形成不具根的幼苗,将幼苗切割后移入生根培养基③上,90 d 后可形成 10 ~ 20 cm 的完整植株,当试管苗生长至 15 cm 左右,有 2 ~ 3 条根时即可移栽。移栽前,将试管苗带瓶移入温室闭瓶炼苗 3 ~ 5 d,再打开瓶塞适应 3 d，取出小苗，用水冲洗净根部培养基，用无菌纱布吸干水分，阴凉 1 h 定植于树皮或水苔育苗盘中，规格可选 50 孔或 66 孔穴盘。刚定植时最好遮光 50%，温度 20 ℃左右，保持一定湿度，并且注意通风。通常从组培苗出瓶到开花需 3 ~ 4 年时间。

三、文心兰组织培养技术

文心兰（*Oncidium hybridum*，见图 7-43）又名跳舞兰、舞女兰、金蝶兰、瘤瓣兰等，为被子植物门、单子叶植物纲、天门冬目、兰科、文心兰属多年生草本植物。文心兰原产美国、墨西哥、圭亚那和秘鲁。叶片 1 ~ 3 枚，可分为薄叶种、厚叶种和剑叶种。兰科中的文心兰属植物的总称，本属植物全世界原生种多达 750 种以上，而商业上用的千姿百态的品种多是杂交种，植株轻巧、潇洒，花茎轻盈下垂，花朵奇异可爱，形似飞翔的金蝶，极富动感，是世界重要的盆花和切花种类之一。

图 7-43　文心兰

（一）外植体选择

取其茎尖及花穗作为外植体。

（二）无菌外植体的获得

从母株上切取叶片尚未展开的幼苗，除去外层叶片，取暴露侧芽；花穗的取材可取小花还未展开的具有 2 ~ 3 个花蕾的花穗。侧芽和花穗用自来水冲洗干净，先用 70% 的酒精消毒 30 s，再用 0.1% 的 $HgCl_2$ 消毒 10 min，用无菌水冲洗 5 次，切取 0.5 ~ 0.1 mm 的茎尖和小花为外植体以供接种用。

（三）培养基及温光条件

基本培养基为 MS；原球茎诱导培养基：①MS+NAA 0.2 mg/L+10% 椰子汁；继代增殖培养基：②MS+6-BA 6.0 mg/L；生根培养基：③MS+NAA 0.1 ~ 0.3 mg/L。

上述培养基均加蔗糖 3%，除①号培养基为液体培养基外，其余②、③号为固体培养基加琼脂 0.7%，pH 为 5.8。培养温度为（25±2）℃，光照时间为 12 h/d，光照度为 1 500 lx。

（四）原球茎的诱导与增殖

先将 0.5 ~ 0.1 mm 的茎尖接种于液体培养基上，进行 20 d 静止黑暗培养，并且每天摇动 2 ~ 3 次，然后置于光下培养，待外植体转绿后，移入固体培养基②中。培养 30 d 后，外植体开始膨大并形成原球茎。花穗培养用消毒后的小花接种于培养基②中，经过 30 d 左右的光下培养，小花基部膨大并逐渐形成多个原球茎，45 d 后原球茎可增殖 3 倍左右。

（五）幼苗分化与生根移栽

在增殖培养基②上，原球茎增殖的同时，部分原球茎开始分化，逐渐形成不具根的幼苗，将幼苗切割后移入生根培养基③上，20 d后小苗基部可分化出 1 cm 左右的幼根即可移栽。

移栽前，将试管苗带瓶移入温室闭瓶炼苗 3～4 d，再打开瓶塞适应 3 d，取出小苗，用水冲洗净根部培养基，用无菌纱布吸干水分，阴凉 1 h 定植于水苔育苗盘中。刚定植时最好遮光 50%，温度 20 ℃ 左右，保持一定湿度，并且注意通风。

四、蝴蝶兰的组织培养技术

蝴蝶兰（*Phalaenopsis aphrodite*，见图 7-44）别名蝶兰、台湾蝴蝶兰，为被子植物门、单子叶植物纲、微子目、兰科、蝴蝶兰属多年生草本植物。蝴蝶兰原产于亚热带雨林地区，分布在泰国、菲律宾、马来西亚、印度尼西亚以及中国台湾。蝴蝶兰是在 1750 年发现的，迄今已发现 70 多个原生种，大多数产于潮湿的亚洲地区。蝴蝶兰为附生性兰花，其白色粗大的气生根露在叶片周围，除了具有吸收空气中养分的作用外，还有生长和光合作用。新春时节，蝴蝶兰植株从叶腋中抽出长长的花梗，并且开出形如蝴蝶飞舞般的花朵，深受花迷们的青睐，素有"洋兰王后"之称。

图 7-44　蝴蝶兰

（一）外植体选择

取根段或花梗段作为外植体。

（二）无菌外植体的获得

取蝴蝶兰新发生的根尖段或花梗段约 2 cm，用 0.1%的洗衣粉漂洗 15 min 后，用自来水冲洗 10 min，再用无菌水冲洗 2 次，然后用 75%的酒精消毒 30 s，再用 10% 的次氯酸钠溶液消毒 10 min，用无菌水冲洗 4～5 次后，切成 0.5～0.8 cm 的小段为外植体以供接种用。

（三）培养基及温光条件

基本培养基为 B_5 或 MS；愈伤组织诱导培养基：①B_5+KT 0.2 mg/L+NAA 1.5 mg/L+椰子汁 150 g/L；原球茎增殖培养基：②B_5+GA_3 0.05 mg/L+水解酪蛋白；壮苗培养基：③1/2MS+20% 香蕉泥；生根培养基：④1/2MS+IBA 0.3 mg/L。

上述培养基均加活性炭 0.2%，琼脂粉 0.6%，pH 为 5.5。①、②号培养基加蔗糖 3%，③、④号培养基加蔗糖 2%。培养温度为 25～28 ℃，光照时间为 10 h/d，光照度为 2 500 lx。

（四）愈伤组织及芽的诱导

将灭过菌的外植体接种于培养基①上，暗培养 4～5 d 后，转为光培养 15 d，根尖切口处膨大并产生绿色瘤状愈伤组织，30 d 后将愈伤组织切下接种到增殖培养基②上，再培养 30 d 后愈伤组织表面绿色颗粒逐渐形成芽点，进而分化出芽。待芽长到 1 cm 以上时，将其分切接种于培养基③中，继续长大形成壮苗。

（五）生根与炼苗移栽

将具有 3～4 片叶，高 3～4 cm 的芽苗切下转移到培养基④中。因苗在生根培养基中生长缓慢，约 90 d 转移 1 次，生根率达 100%。移栽时，小心取出小苗，洗净根部培养基，栽入消毒液浸泡过的水苔中。防阳光直射，保持湿度 85%左右，温度 25～30 ℃ 的环境，待新根伸长、新叶长出时，每隔 7 d 喷 1 次 0.5%的 KH_2PO_4 溶液进行叶面追肥，成苗率达 95%以上。

五、百合的组织培养技术

百合（*Lilium brownii* var. Viridulum，见图 7-45）又名强蜀、番韭、山丹、倒仙、重迈、中庭、摩罗、重箱等，为被子植物门、单子叶植物纲、百合目、百合科、百合属多年生草本球根植物。百合原产中国，主要分布在亚洲东部、欧洲、北美洲等北半球温带地区，全球已发现有至少 120 个品种，其中 55 种产于中国。近年更有不少经过人工杂交而产生的新品种，如亚洲百合、香水百合、火百合等。百合的鳞茎含丰富的淀粉，可以食用，也可作药用，具有润肺止咳、宁心安神的功效；同时，百合又具有观赏价值，是世界名花，也是我国的传统花卉。

图 7-45　百合

（一）外植体选择

取百合优良植株珠芽茎尖、苞片作为外植体。

（二）无菌外植体的获得

从优良植株剥取珠芽，先用温纱布擦洗芽表面，再用 1%的洗衣粉洗后，流水冲洗干净，用无菌水洗 2 次，然后用 75%的酒精消毒 30 s，再用 0.1%的 $HgCl_2$ 溶液消毒 7～8 min，用无菌水冲洗 4~5 次，用无菌滤纸吸干表面水分，剥取苞片、芽尖为外植体以供接种用。

（三）培养基及温光条件

基本培养基为 MS；丛生芽诱导培养基：①MS+6-BA 0.5 mg/L+NAA 1.0 mg/L；芽增殖培养基：②MS+6-BA 0.2 mg/L+NAA 1.0 mg/L；生根培养基：③MS+NAA 0.1 mg/L。

上述培养基均加蔗糖 3%，琼脂 0.8%，pH 为 5.8，培养温度为 20 ℃ 以上，光照时间为 12 h/d，光照度为 1 200 lx。

（四）丛生芽的诱导与增殖

将灭过菌的外植体接种到培养基①上，7~10 d 后开始增厚变绿，15 d 后开始出现浅黄色愈伤组织，30 d 后，从愈伤组织上分化出淡黄绿色芽丛，继而长大伸长，分化率达 100%，平均每块外植体可分化出 5~14 个具有小鳞茎的幼苗。待芽伸长、绿色叶长出时，将芽切下转到培养基②上，15 d 后，丛芽基部又分化出 4 个小芽，形成芽丛，增殖迅速。25~30 d 继代培养 1 次，芽经过连续继代增殖，生长分化正常，芽苗也较旺盛粗壮。

（五）生根与炼苗移栽

将长约 4 cm 的丛生芽切成单芽，接种到生根培养基③上，15 d 后开始生根，25 d 后可长成粗壮的根，生根率达 100%。待生根苗长至 1 cm 左右开始炼苗，炼苗 3~5 d 便可移栽。移栽时，小心取出小苗，洗净根部培养基，将苗移入腐殖土中，浇透水，放入塑料大棚中，成活率达 95% 以上。

六、仙客来的组织培养技术

仙客来（*Cyclamen persicum* Mill.，见图 7-46）别名萝卜海棠、兔耳花、兔子花、一品冠、篝火花、翻瓣莲，为被子植物门、双子叶植物纲、报春花目、报春花科、仙客来属多年生草本植物。仙客来原产希腊、叙利亚、黎巴嫩等地，现已在世界各地广为栽培。叶片由块茎顶部生出，心形、卵形或肾形，叶片有细锯齿，叶面绿色，具有白色或灰色晕斑，叶背绿色或暗红色，叶柄较长，红褐色；花葶高 15~20 cm，果时不卷缩；花冠白色或玫瑰红色。仙客来的叶片能吸收二氧化硫，并经过氧化作用将其转化为无毒或低毒的硫酸盐等物质。它适宜于盆栽观赏，可置于室内布置，尤其适宜在家庭中点缀于有阳光的几架、书桌上。因其株型美观、别致，花盛色艳，深受人们青睐。仙客来还可用无土栽培的方法进行盆栽，清洁迷人，更适合家庭装饰。仙客来是冬春季节名贵盆花，也是世界花卉市场上最重要的盆栽花卉之一。仙客来花期长，可达 5 个月，花期适逢圣诞节、元旦、春节等传统节日，市场需求量巨大，生产价值高，经济效益显著。

（一）外植体选择

取其幼嫩叶片作为外植体。

（二）无菌外植体的获得

取盆栽仙客来的幼嫩叶片，用 0.1% 的洗衣粉洗后在自来水下冲净，用无菌水冲洗 2 次，先用 75% 的酒精表面消毒 10 s，再用 0.1% 的 $HgCl_2$ 消毒 8～10 min，用无菌水冲洗 5～6 次，用无菌滤纸吸干表面水分后，把叶片切成 5 mm×5 mm 方形的小块为外植体以供接种用。

图 7-46　仙客来

（三）培养基及温光条件

基本培养基为 MS；分化培养基：①MS+6-BA 1.0～2.0 mg/L+NAA 1.0 mg/L；生根培养基：②1/2MS+NAA 0.2 mg/L。

上述培养基均加蔗糖 3%，琼脂 0.8%，pH 为 5.8，培养温度为 20 ℃，光照时间为 12 h/d，光照度为 2 500 lx。

（四）分化培养与植株再生

将灭菌的叶片切成 5 mm 方形的小块，接种至分化培养基①上，7 d 后，外植体开始膨大，并逐渐形成乳白色的愈伤组织，7 d 后，可从少数愈伤组织上分化出芽或根来。将愈伤组织或带芽愈伤组织分切转移至分化培养基①上，20～30 d 后会分出芽苗；再转入生根培养基②上，20 d 后可生根，30 d 后生根 1～12 条，根长 2～8 mm，即可移栽。

（五）炼苗移栽

移栽时间以 3～4 月为宜。移栽前，可打开瓶盖在温室炼苗 5～7 d，移栽（见图 7-47）时用 500 mg/L 的 PP_{333} 喷施试管苗叶片，以增强苗的抗逆性，移栽成活率达 90% 以上。移栽 30 d 后，苗的基部开始膨大，形成类似茎的结构，并在其上产生更多的叶芽。90 d 后，幼苗可达 8～9 片叶。

图 7-47　仙客来炼苗移栽

七、秋海棠的组织培养技术

秋海棠（*Begonia grandis*，见图7-48）别名秋花棠、海花，为被子植物门、双子叶植物纲、侧膜胎座目、秋海棠科、秋海棠属多年生草本植物。秋海棠原产中国，主要分布在河北、河南、山东、陕西、四川、贵州、广西、湖南、湖北、安徽、江西、浙江、福建、云南等地。日本、爪哇、马来西亚、印度也有栽培。根状茎近球形，茎直立，高可达60 cm，有纵棱无毛；茎生叶互生，叶片轮廓宽卵形至卵形，两侧不相等，上面褐绿色，常有红晕，下面色淡，带紫红色，托叶长圆形至披针形，膜质；花葶有纵棱，无毛，花色为粉红、红、黄或白色；蒴果下垂，长圆形；种子长圆形，淡褐色，数极多。秋海棠是著名的观赏花卉，主要用于布置夏、秋花坛和草坪边缘。盆栽秋海棠常用以点缀客厅、橱窗或装点家庭窗台、阳台、茶几，十分清新幽雅。如配装上优质艺术吊盆，悬挂室内，更显得可爱。

图7-48 秋海棠

（一）外植体选择

取嫩叶或芽作为外植体。

（二）无菌外植体的获得

从开花的球茎海棠的植株上切取较幼嫩的叶片，先用0.1%的洗衣粉漂洗，用自来水冲洗干净，无菌水冲洗2次，再用70%的酒精消毒3～5 s，用0.1%的$HgCl_2$消毒8～12 min，用无菌水冲洗5次，用无菌滤纸吸干水分后为外植体以供接种用。

（三）培养基及温光条件

基本培养基为MS；不定芽诱导与增殖培养基：①MS+6-BA 1.0～3.0 mg/L 或②MS+6-BA 1.0 mg/L+NAA 0.2 mg/L；愈伤组织诱导与不定芽分化培养基：③MS+6-BA 3.0 mg/L+ NAA 1.0 mg/L或④MS+6-BA 1.0 mg/L+NAA 3.0 mg/L；生根培养基：⑤MS+NAA 0.1 mg/L或⑥MS+NAA 1.0 mg/L。

上述培养基均加蔗糖3%，琼脂0.8%，pH为5.8。培养温度为（23±2）℃，光照时间为12 h/d，光照度为1 500 lx。

（四）不定芽诱导与增殖

将灭过菌的叶片接种于培养基①和②上，15 d后，切成长度为1～1.5 cm的方块接种于相同新鲜培养基②上。培养基②上的外植体从第 20 d 起表面及周边直接分化出密集的单芽，分化率达 100%，平均每个外植体有 2 个芽，用芽培养的剥去外围小叶，灭菌后，接种在 MS+KT 1.0 mg/L+NAA 0.1 mg/L 培养基上，7 d 后芽基部开始膨大，形成黄绿色愈伤组织，20 d 后从愈伤组织上分化出小圆点，5 个月后生出丛生芽，可分切接种于 MS+KT 1.0 mg/L+NAA 0.5 mg/L 或 MS+6-BA 0.5 mg/L+NAA 0.5 mg/L 培养基上继代增殖。

（五）愈伤组织诱导和不定芽分化

当培养基①和②上的外植体转接到③、④培养基上后，有浅绿色突起和致密的愈伤组织，从外植体表面及周边产生，继而分化出芽，分化率为 80%~95%。

（六）不定芽的增殖

将上述分化的丛生芽切分，再转接到培养基②上，又可使不定芽增殖。1 个切块上能增殖数十个不定芽，增殖达到一定数量后即可转到生根培养基上。

（七）生根与炼苗移栽

当增殖芽长到一定大小时，转接到培养基⑤和⑥上，15 d 后，有多条辐射状不定根从芽基部生长出，生根率达到 95%。移栽前，先将试管苗移至温室闭瓶炼苗 3~5 d，再打开瓶盖适应 2~3 d，然后将小苗从培养瓶中取出，洗净根部培养基，移栽于沙上、蛭石、腐殖土（1∶1∶2）的混合基质中，成活率达到 90% 左右。

八、康乃馨的组织培养技术

康乃馨（*Dianthus caryophyllus*，见图 7-49）原名香石竹，别名狮头石竹、麝香石竹、大花石竹、荷兰石竹，为被子植物门、双子叶植物纲、中央种子目、石竹科、石竹属多年生草本植物。康乃馨原产地中海地区，主要分布于欧洲温带以及中国的福建、湖北等地。株高 40~70 cm，全株无毛，粉绿色；茎丛生，直立，基部木质化，上部稀疏分枝；叶片线状披针形，顶端长渐尖，基部稍成短鞘，中脉明显，上面下凹，下面稍凸起；花常单生枝端有香气，粉红、紫红或白色；蒴果卵球形，稍短于宿存萼。康乃馨是世界上应用最普遍的花卉之一，也是优异的切花品种。矮生品种还可用于盆栽观赏，花朵还可提取香精。这种体态玲珑、斑斓雅洁、端庄大方、芳香清幽的鲜花，随着母亲节的兴起，成为全球销量最大的花卉之一。

图 7-49　康乃馨

（一）外植体选择

取康乃馨无菌苗叶片作为外植体。

（二）无菌外植体获得

将顶芽或带腋芽的茎段先用 0.1% 的洗衣粉漂洗，用自来水冲洗干净，用无菌水冲洗 2 次，再用 70% 的酒精消毒 3~5 s，用 0.1% 的 $HgCl_2$ 消毒 8~12 min，用无菌水冲洗 5 次，用无菌滤纸吸干水分后接种于培养基②上，30 d 后，每个外植体可产生 6 个芽，取新生顶芽下的 3 对叶片为外植体以供接种用。

（三）培养基及温光条件

基本培养基为 MS；愈伤组织及芽诱导培养基：①MS+6-BA 1.0 mg/L+NAA 0.2 mg/L；芽增殖培养基：②MS+6-BA 0.5~1.0 mg/L+NAA 0.1~0.3 mg/L；生根培养基：③1/2MS+ NAA 0.1 mg/L。

①和②培养基加蔗糖 3%，琼脂 0.7%；③号培养基加蔗糖 2%，琼脂 0.6%；各种培养基 pH 均为 5.8。培养温度为（25±1）℃，光照时间为 12 h/d，光照度为 1 000~1 600 lx。

（四）不定芽的诱导与增殖

将无菌外植体接种于培养基①上，5 d 后外植体开始膨大伸长，基部也略膨大，出现有绿色愈伤组织。10 d 后，从基部开始分化出淡绿色小芽点，并逐渐长成小芽丛，分化率达 60% 以上，且芽壮、生长快。芽分化的不定芽达 1 cm 时，转移到增殖培养基②上，每隔 30 d 继代增殖 1 次，每个芽可增殖 4~6 个芽。

（五）生根与炼苗移栽

将 2~3 cm 的增殖芽切成单芽转接到生根培养基③上，基部切口处先形成愈伤组织，10~12 d 后，从愈伤组织周围开始长出多呈辐射状的幼根，30 d 后，根生长至 1.5~2.5 cm，平均生根 8~10 条，并在后期形成许多毛根，生根率达 95%。

移栽前，先打开瓶盖在培养室散光下炼苗 3 d 后，取出小苗洗净根部培养基，移栽于用 0.1% 的多菌灵灭过菌的蛭石、河沙、菜园土（1∶1∶2）的混合基质中，开始 10 d 用塑料薄膜保湿、保温，以后逐渐除去薄膜，移栽成活率达 90% 以上。

九、玫瑰的组织培养技术

玫瑰（*Rosa rugosa*，见图 7-50）别名徘徊花、刺客、穿心玫瑰，为被子植物门、双子叶植物纲、蔷薇目、蔷薇科、蔷薇属多年生落叶灌木。玫瑰原产中国，亚洲东部地区、保加利亚、印度、俄罗斯、美国、朝鲜等地也有分布。枝秆多针刺，奇数羽状复叶，小叶 5~9 片，有边刺；花瓣倒卵形，重瓣至半重瓣，花有紫红色、白色等。玫瑰作为农作物时，其花朵主要用于食品及提炼香精玫瑰油，玫瑰油应用于化妆品、食品、精细化工等工业。

（一）外植体选择

取其带腋芽的茎段作为外植体。

图 7-50　玫瑰

（二）无菌外植体的获得

选优良健壮植株当年生枝条中段(带饱满而未萌发的侧芽),用自来水冲洗干净,用 0.1%～0.15%的 $HgCl_2$ 溶液消毒 8～12 min,用无菌水冲洗 4～5 次,剪成 1～2 cm 带腋芽的茎段为外植体以供接种用。

（三）培养基及温光条件

基本培养基为 MS;芽诱导培养基:①MS+6-BA 0.5～1.0 mg/L+NAA 0.1 mg/L;芽增殖培养基:②MS+6-BA 1.0 mg/L+IAA 0.1 mg/L 或③MS+6-BA 1.0 mg/L+NAA 0.1 mg/L;壮苗培养基:④MS+6-BA 0.1～0.2 mg/L+NAA 0.1 mg/L;生根培养基:⑤1/2MS+IBA 0.5 mg/L。

上述培养基均加蔗糖 3%,琼脂 0.7%,pH 均为 5.8。培养温度为（25±1）℃,光照时间为 12 h/d,光照度为 1 000～2 000 lx。

（四）芽的诱导与增殖

将消毒好的带腋芽茎段接种于培养基①上,培养 15～20 d 后,腋芽长至 1 cm 左右。然后,将长出的腋芽接种于培养基②或③上,35～40 d 后逐渐形成丛芽。在②或③号培养基上,每隔 35～40 d 继代 1 次,芽可增殖 3～5 倍。

（五）壮苗生根与移栽

将增殖培养基上芽转接于壮苗培养基④上进行壮苗培养,35～40 d 后转移到生根培养基⑤上,20 d 后,苗基部生出数条白根即可出瓶移栽;也可剪成 2 cm 长的茎段接种于生根培养基⑤中进行生根培养,7～10 d 后产生根原基,继而产生数条白色根,生根率达 85%以上。每年 3～4 月移栽为好,将幼苗取出瓶后,先洗净根上黏附的培养基,再栽于蛭石或稻壳灰、园田土(1:1)的基质中,栽后浇透水,并用 0.1%的多菌灵喷雾保苗,注意保持相对湿度在 85%以上,每隔 7～10 d 喷 1 次 1/4MS 培养液,移栽成活率可达 85%～95%。

十、菊花的组织培养技术

菊花（*Dendranthema morifolium*,见图 7-51）别名寿客、金英、黄华、秋菊、陶菊、日精、女华、延年、隐逸花,为被子植物门、双子叶植物纲、桔梗目、菊科、菊属多年生宿根草本植物。菊花原产中国,中国栽培菊花已有 3 000 多年历史,17 世纪末,荷兰商人将中国菊花引入欧洲,18世纪传入法国,19世纪中期引入北美,此后中国菊花遍及全球。株高60~150 cm;茎直立,分枝或不分枝,被柔毛;叶互生,有短柄,叶片卵形至披针形,羽状浅裂或半裂,基部楔形,下面被白色短柔毛,边缘有粗大锯齿或深裂,基部楔形,有柄;头状花序单生或数个集生于茎枝顶端,大小不一,单个或数个集生于茎枝顶端;总苞片多层,外层绿色,条形,边缘膜质,外面被柔毛;舌状花白色、红色、紫色或黄色,当中为管状花,常全部特化成各式舌状花,花期9~11月。

菊花是中国十大名花之一,花中四君子(梅、兰、竹、菊)之一,也是世界四大切花(菊花、月季、康乃馨、唐菖蒲)之一,产量居首。菊花生长旺盛,萌发力强,一株菊花经多次摘心可以分生出上千个花蕾,有些品种的枝条柔软且多,便于制作各种造型,组成菊塔、菊桥、菊篱、菊亭、菊门、菊球等形式精美的造型,又可培植成大立菊、悬崖菊、十样锦、盆景等,形式多变,蔚为奇观,为每年的菊展增添了无数的观赏艺术品;菊花也能入药治病,久服或饮菊花茶能使人长寿。

图 7-51　菊花

(一)外植体选择

取茎尖和带腋芽的茎段作为外植体。

(二)无菌外植体的获得

选取切花菊的茎尖和带腋芽的茎段,用自来水冲洗10~15 min,用无菌水冲洗2次,先用75%的酒精消毒0.5~1 min,再用0.1%的$HgCl_2$消毒8~12 min,将其切成0.5~1.0 cm的小段作为外植体以供接种用。

(三)培养基及温光条件

基本培养基为MS;诱导培养基:①MS+6-BA 1.0~2.0 mg/L+NAA 0.1 mg/L;增殖培养基:②MS+6-BA 1.0 mg/L+IAA 0.1 mg/L;生根培养基:③1/2MS+NAA 0.1~0.2 mg/L。

上述培养基均加蔗糖3%,琼脂0.7%,pH均为5.8。培养温度为(25±2)℃,光照时间为12~16 h/d,光照度为1 000~2000 lx。

(四)芽的诱导与增殖

将灭过菌的外植体接种于培养基①上,培养15~20 d后,有大量愈伤组织从基部产生。再将愈伤组织转入培养基②上,进而产生丛生芽,培养15~20 d后,苗高2~4 cm,将丛生芽切割转入相同新鲜的培养基②中进行继代培养，随着继代次数的增加，芽苗很快多起来，并逐渐长大。

（五）生根与炼苗移栽

待增殖苗生长到 3 cm 左右时，可切成单株转接到培养基③中，培养 15 d 后，幼苗生根率达 95% ~ 100%，每棵苗可生根 6 条，根长 1.5 ~ 2.0 cm。

移栽前，先将试管苗移到温室炼苗 2 d 后，取出洗净培养基，移栽于蛭石、珍珠岩（1：1）混合基质的花盆中，栽后浇足水，盖上塑料薄膜和遮阳网，以保持湿度，避免阳光强晒，并注意通风换气。10 ~ 15 d 后，逐渐揭开薄膜和去除遮阳网。每隔 3 ~ 4 d 喷 1 次 1/4MS 大量元素稀释营养液，移栽成活率达 90% 以上。30 d 后可定植于田间。

十一、非洲紫罗兰的组织培养技术

非洲紫罗兰（*Saintpaulia ionantha* Wendl.，见图 7-52）别名非洲堇、非洲苦苣苔、非洲紫苣苔、圣包罗花，为多被子植物门、双子叶植物纲、管状花目、苦苣苔科、非洲紫苣苔属多年生草本植物。非洲紫罗兰原产东非的热带地区。全株有毛；叶基部簇生，稍肉质，叶片圆形或卵圆形，背面带紫色，有长柄；花 1 ~ 6 朵簇生在有长柄的聚伞花序上，花有短筒，花冠 2 唇，裂片不相等，花色多样，有白色、紫色、淡紫色或粉色；蒴果；种子极细小。栽培品种繁多，有大花、单瓣、半重瓣、重瓣、斑叶等，花色有紫红、白、蓝、粉红和双色等。植株小巧玲珑，花色斑斓，四季开花，是室内的优良花卉，也是国际上著名的盆栽花卉。由于其花期长、较耐阴，株形小而美观，盆栽可布置在窗台、客厅、茶几等作点缀装饰；同时，放置室内可净化室内空气、改善室内空气品质、美化环境、调和心情及舒解压力，也是园艺治疗的理想材料。

图 7-52　非洲紫罗兰

（一）外植体选择

取其嫩叶作为外植体。

（二）无菌外植体的获得

选非洲紫罗兰嫩叶在自来水下用洗衣粉清洗干净后，先用 75% 的酒精消毒 10 s，再用 0.1% 的 HgCl_2 消毒 5 ~ 8 min，用无菌水冲洗 5 次，切成 0.5 ~ 1.0 cm 方形的小块作为外植体以供接种用。

（三）培养基及温光条件

基本培养基为 MS；丛生芽诱导培养基：①MS+6-BA 1.0 mg/L+NAA 0.2 mg/L；生根培养基：②1/2MS+NAA 0.5 mg/L。

上述培养基均加蔗糖 3%，琼脂 0.7%，pH 为 5.8。培养温度为 25 ℃，光照时间为 12 h/d，光照度为 1 000～1 600 lx。

（四）分化培养过程

将灭过菌的嫩叶小方块，接种于培养基①上，于光照度为 1 000～1 600 lx、光照时间为 12～14 h/d、培养温度为（25±1）℃ 下，培养 35 d 后，叶片可直接分化出许多丛生芽，每块丛生芽有 25～40 个不等小芽，诱导率为 100%。将小丛生芽转接于②号培养基上，10 d 后，开始生根，根的诱导率为 95%以上，主茎叶片也明显增大，叶色浓绿，15 d 后即可移栽。

（五）试管苗移栽

待试管苗根长至 0.5 cm 时，从试管中取出小苗，洗净根部培养基，移栽到锯末与细沙（1：1）的基质中，注意保温、保湿，湿度保持在 85%以上，温度为 15～25 ℃，10 d 后试管苗开始生新根，20～30 d 可栽于花盆中进行正常管理。

十二、补血草的组织培养技术

补血草（*Limonium sinense*，见图 7-53）别名海赤芍、鲂仔草、白花玉钱香、海菠菜、海蔓、海蔓荆、匙叶草、华蔓荆、盐云草、匙叶矶松、中华补血草，为被子植物门、双子叶植物纲、白花丹目、白花丹科、补血草属多年生草本植物。补血草分布于中国滨海各省区，生长在沿海潮湿盐土或砂土上。全株（除萼外）无毛；叶基生，淡绿色或灰绿色，倒卵状长圆形、长圆状披针形至披针形，先端通常钝或急尖，下部渐狭成扁平的叶柄，多数排列成莲座状；花轴上部多次分枝，花集合成短而密的小穗，集生于花轴分枝顶端，小穗茎生叶退化为鳞片状，棕褐色，边缘呈白色膜质，花序伞房状或圆锥状；果实倒卵形，黄褐色。根或全草可入药，具有收敛、止血、利尿的作用。补血草花朵细小，干膜质，色彩淡雅，观赏期长，与满天星一样，是重要的配花材料，俗称"勿忘我"。除作鲜切花外，补血草还可制成自然干花，用途更为广泛。

图 7-53 补血草

（一）外植体选择

取叶片、小苗茎尖或茎段作为外植体。

（二）无菌外植体的获得

选田间生长的补血草中部叶片，用稀释的洗涤液清洗，在自来水下冲洗干净后，先用75%的酒精消毒约15 s，再用0.1%的HgCl$_2$消毒5～10 min，用无菌水冲洗4次，切成0.5 cm×0.5 cm方形的小块作为外植体以供接种用。

（三）培养基及培养条件

基本培养基为MS；诱导分化培养基：①MS+6-BA 2.0 mg/L+NAA 0.2 mg/L；生根培养基：②1/2MS+NAA 0.5 mg/L。

上述培养基均加蔗糖3%，琼脂0.7%，pH为5.8。培养温度为25 ℃，光照时间为12 h/d，光照度为1 500 lx。

（四）丛芽的诱导与增殖

将灭过菌的外植体，接种于丛芽诱导培养基①上，20 d左右，外植体周围产生绿色愈伤组织，并且逐渐增生，继而从表面出现绿色突起，继续培养15 d左右，分化成芽，继而育成苗丛。当丛生小苗长到4～5 cm高时，将大苗切成2～3 cm段，小苗不用再切，转接到相同新鲜培养基①上。从小苗基部又不断分化出小苗，形成新的小苗丛，如此反复分切、转接，加快补血草的增殖。

（五）生根与炼苗移栽

当增殖到一定数量小苗后，待苗长至2 cm高时，将小苗分切成单芽，转接于生根培养基②上，15 d左右，从芽苗基部长出3～5条根，培养25 d后，苗长到4～5 cm高、根长2～3 cm时即可炼苗移栽。

移栽前，可将培养瓶盖打开，放入遮阴的大棚或温室内进行炼苗5～7 d。然后把生根苗从瓶中小心取出，洗净根部培养基，移栽于经0.1%百菌清消毒的珍珠岩、河沙（1∶1）混合基质中，加强温度、湿度和光照管理，使小苗逐渐适应外界环境条件，20～25 d后，定植于苗床中。

十三、海芋的组织培养技术

海芋（*Alocasia macrorrhiza*，见图7-54）别名巨型海芋、滴水观音，为被子植物门、单子叶植物纲、天南星目、天南星科、海芋属多年生草本花卉。海芋常成片生长在海拔1 700 m以下的热带雨林林缘或河谷野芭蕉林下，中国江西、福建、台湾、湖南、广东、广西、四川、贵州、云南等地的热带和亚热带地区均有分布，国外自孟加拉、印度东北部至马来半岛、中南半岛以及菲律宾、印度尼西亚均有分布。茎粗壮，高可达3 m；叶聚生茎顶，叶片卵状戟形；肉穗花序稍短于佛焰苞，雌花在下部，雄花在上部。海芋是大型观叶植物，宜用大盆或木桶栽培，适于布置大型厅堂或室内花园，也可栽于热带植物温室，十分壮观。根茎富含淀粉，可作工业上代用品，但不能食用。

图 7-54　海芋

（一）外植体选择

取海芋的顶芽作为外植体。

（二）无菌外植体的获得

从生长旺盛抗病虫害的海芋植株上切取顶芽，用刀削去附着在茎上的一些老组织，用洗衣粉在自来水下冲洗干净，用无菌滤纸吸干水分，然后用 75% 的酒精消毒 0.5～1 min，再用 0.1% 的 $HgCl_2$ 消毒 10～12 min，用无菌水冲洗 6 次，用无菌滤纸吸干水分，以此作为外植体以供接种用。

（三）培养基及温光条件

基本培养基为 MS；丛生芽诱导培养基：①MS+6-BA 2.0 mg/L+NAA 0.5 mg/L；芽增殖培养基：②MS+6-BA 1.0～3.0 mg/L+NAA 0.2～0.5 mg/L。

上述培养基中均加白糖或蔗糖 3%，琼脂 0.7%，pH 为 5.8。培养温度为（26±1）℃，光照时间为 12 h/d，光照度为 1 000～1 500 lx。

（四）丛生芽的诱导与增殖

将灭过菌的外植体接种于培养基①上，20 d 后，顶芽开始萌动，同时，从芽基部形成愈伤组织。转入相同新鲜培养基①上连续培养 2 次，约 60 d 后在芽基部形成丛生芽及淡黄色愈伤组织。丛生芽和愈伤组织再生植株的叶片与母株相似，并生成较多的健壮根系，根芽同时发生形成完整植株。将丛生芽和愈伤组织块分割，转移到培养基②中进行继代培养，每隔 30 d 继代 1 次，芽发生率为 33.8%。

（五）移　栽

由于海芋在增殖培养中，易产生带根植株，因此，可省去生根培养阶段，而直接将生根小苗切下，用水小心洗净根部培养基后，移栽于经 0.1% 多菌灵消毒的珍珠岩和泥炭土（2∶1）的混合基质中，浇透水，前期覆盖薄膜和 90% 遮阳网，保持相对湿度 85%，14 d 后，改为 70% 遮阳网，且揭去薄膜；15 d 后，可适当喷施叶面肥；30 d 后，可喷施 0.1% 的复合肥（N15、$P_2O_2$15、K_2O15），成活率可达 90% 以上。

十四、花叶万年青的组织培养技术

花叶万年青（*Dieffenbachia picta*，见图7-55）又名黛粉叶，为被子植物门、单子叶植物纲、天南星目、天南星科、花叶万年青属多年生常绿灌木状草本植物。花叶万年青原产南美，中国广东、福建各热带城市普遍栽培。茎干粗壮多肉质，株高可达1.5 m；叶片大而光亮，着生于茎干上部，椭圆状卵圆形或宽披针形，先端渐尖，全缘；宽大的叶片两面深绿色，其上镶嵌着密集、不规则的白色、乳白、淡黄色等色彩不一的斑点、斑纹或斑块，叶鞘近中部下具叶柄；花梗由叶鞘中抽出，短于叶柄，花单性，佛焰花序，佛焰苞呈椭圆形，下部呈筒状。花叶万年青的园艺用途有很多：幼株小盆栽，可置于案头、窗台观赏；中型盆栽，可放在客厅墙角、沙发边作为装饰，令室内充满自然生机。

花叶万年青叶片宽大、黄绿色，有白色或黄白色密集的不规则斑点，有的为金黄色镶有绿色边缘，色彩明亮强烈，优美高雅，观赏价值高，是目前备受推崇的室内观叶植物之一，适合盆栽观赏，点缀客厅、书房，十分舒泰别致。用它摆放光度较低的公共场所，花叶万年青仍然生长正常，碧叶青青，枝繁叶茂，充满生机，特别适合在现代建筑中配置。

图 7-55 花叶万年青

（一）外植体选择

取花叶万年青的茎段侧芽作为外植体。

（二）无菌外植体的获得

取花叶万年青植株，剥除叶片，切取带潜伏侧芽的茎段，除去潜伏芽附近的污垢，用软刷蘸少许0.1%的洗衣粉刷洗，并在自来水下冲洗干净，先用75%的酒精消毒2 min，再用0.1%的$HgCl_2$消毒10~12 min，用无菌水冲洗6次，用无菌滤纸吸干水分，单独挖取潜伏侧芽作为外植体以供接种用。

（三）培养基及温光条件

基本培养基为MS；不定芽诱导培养基：①MS+6-BA 5.0 mg/L+KT 0.5 mg/L+NAA 0.2 mg/L；芽增殖培养基：②MS+6-BA 2.0~3.0 mg/L+KT 0.2~0.5 mg/L；生根培养基：③ 1/2MS+NAA 0.5 mg/L+0.5%活性炭。

上述培养基均加蔗糖3%，琼脂0.7%，pH为5.8。培养温度为（26±2）℃，光照时间为12 h/d，光照度为1 500 lx。

（四）丛生芽的诱导与增殖

取上述潜伏侧芽，置于培养基①中培养，7 d 后侧芽开始萌动，30 d 后侧芽伸长，叶片展开。将萌发侧芽从中切成两半，转入新鲜相同的培养基①中继续培养 7 d 后，侧芽的基部开始膨大并有少量愈伤组织产生，再经过几次重复培养，在侧芽基部可长出再生植株，再生植株矮化，节间短；约 6 个月后，丛生芽开始出现，将丛生芽切分转移到增殖培养基②中，丛生芽能快速增殖，增殖系数为 4。

（五）生根与炼苗移栽

将增殖培养基中未长根的植株分切置于培养基③中进行生根培养，30 d 后生根率达 100%，单株生根数平均 4 条。

移栽前，先打开瓶盖在培养室内炼苗 2～3 d，再将小苗从培养瓶取出，用自来水洗净根部培养基，移栽于珍珠岩、泥灰土（2∶1）的混合基质中，盖上薄膜和遮阳网，保持 80% 以上的相对湿度和 90% 的遮光率，勤浇水，10 d 左右喷 1 次稀释 10 倍的 MS 营养液，15 d 后开始长出新叶，成活率达 95% 以上。

十五、仙人掌、仙人指的组织培养技术

仙人掌（*Opuntia stricta*，见图 7-56）别名仙巴掌、霸王树、火焰、火掌、牛舌头，为被子植物门、双子叶植物纲、仙人掌目、仙人掌科、仙人掌属丛生肉质灌木。仙人掌常生长于沙漠等干燥环境中，被称为"沙漠英雄花"，为多肉植物的一类。仙人掌主要分布在美国南部及东南部沿海地区、西印度群岛、百慕大群岛和南美洲北部、中国南方及东南亚等热带、亚热带地区的干旱地区。上部分枝宽倒卵形、倒卵状椭圆形或近圆形；花辐射状，花托倒卵形；种子多数扁圆形，边缘稍不规则，无毛，淡黄褐色。仙人掌的种类繁多，世界上共有 70～110 个属，2 000 余种，具体可以分为团扇仙人掌类、段型仙人掌类、蟹爪仙人掌（蟹蟹兰）、叶型森林性仙人掌类、球形仙人掌。

仙人指（*Schlumbergera bridgesii*，见图 7-56）为被子植物门、双子叶植物纲、仙人掌目、仙人掌科、仙人指属室内盆栽花卉。仙人指原产巴西和玻利维亚，世界各国多有栽培，栽培品种除紫色外，还有白、橙黄、浅黄、深红色等品种。仙人指附生于树干上，多分枝，枝丛下垂；枝扁平，肉质，多节枝，每节长圆形，叶状，每侧有 1～2 钝齿，顶部平截；花单生枝顶，花冠整齐。

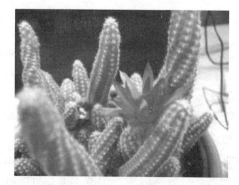

图 7-56 仙人掌、仙人指

（一）外植体选择

取仙人掌、仙人指带腋芽的茎段或茎片作为外植体。

（二）无菌外植体的获得

仙人掌用试管软刷蘸少许 0.1%的洗衣粉在流水下刷洗干净后，先用 75%的酒精消毒 0.5 ~ 1 min，再用 0.1%的 $HgCl_2$ 溶液置于锥形瓶中，抽真空消毒 7 ~ 10 min，用无菌水冲洗 4 ~ 5 次，切成 0.5 ~ 1.0 cm 的茎段作为外植体以供接种用；仙人指用 0.1%的 $HgCl_2$ 溶液置于锥形瓶真空消毒 5 min，用无菌水冲洗 4 次，将带顶芽茎片切成 1 cm^2 的大小作为外植体以供接种用。

（三）培养基及温光条件

基本培养基为 MS；仙人掌诱导分化培养基为①MS+6-BA 2.0 mg/L+NAA 0.2 mg/L；仙人指诱导分化培养基为②MS+6-BA 2.0 ~ 3.0 mg/L+NAA 0.1 ~ 0.3 mg/L+0.5%活性炭。

上述培养基均加蔗糖 3%，琼脂 0.7%，pH 为 5.8。培养温度为 20 ~ 22 ℃，光照时间为 12 h/d，光照度为 2 000 lx。

（四）分化培养

1. 仙人掌的分化培养

将灭过菌的外植体接种于培养基①中，培养 15 d 后，外植体开始发芽，平均分化芽数为 2 个，40 ~ 50 d 后转接到相同新鲜培养基①上；25 d 后开始生根，继续发根 15 d 后可移栽，育苗成活率为 60% ~ 70%。

2. 仙人指的分化培养

将灭过菌的带顶芽茎片，接种于培养基②上，培养 35 d 后，白色疏松的愈伤组织从茎片顶部产生，此后 5 d 发芽生根，外植体平均分化芽数为 2 个，育苗成活率为 70%左右。

（五）组培嫁接成苗

取带顶部茎片的仙人指，以嫩枝劈接的方法，嫁接在已发根的粗壮仙人掌茎的中部，用经消毒仙人掌的细刺将穗砧固定。虽比组培仙人指直接扦插周期长些，但其嫁接成活率高出 20%，组培后也要完成嫁接工序。

十六、一品红的组织培养基技术

一品红（*Euphorbia pulcherrima*，见图 7-57）别名象牙红、老来娇、圣诞花、圣诞红、猩猩木，为被子植物门、双子叶植物纲、大戟目、大戟科、大戟属多年生灌木。一品红原产中美洲，广泛栽培于热带和亚热带，在中国大部分省市都有分布。根圆柱状，极多分枝；茎直立，无毛；叶互生，卵状椭圆形、长椭圆形或披针形，绿色，边缘全缘或浅裂或波状浅裂，叶面被短柔毛或无毛，叶背被柔毛；苞叶 5 ~ 7 枚，狭椭圆形，通常全缘，极少边缘浅波状分裂，朱红色；花序数个聚伞排列于枝顶；总苞坛状，淡绿色，边缘齿状 5 裂，裂片三角形，无毛；蒴果，三棱状圆形，平滑无毛；种子卵状，灰色或淡灰色，近平滑，无种阜。全株可入药，具有调经止血、接骨、消肿等功效。一品红花色鲜艳，花期长，正值圣诞、元旦、春节开花，盆栽布置室内可增加喜庆气氛；也适宜布置在会议室等公共场所。南方暖地可露地栽培，美化庭园，也可作切花。

图 7-57　一品红

（一）外植体选择

取其带腋芽的茎段作为外植体。

（二）无菌外植体的获得

取带腋芽的嫩茎段，剪去叶柄后，用软刷蘸少许洗衣粉刷洗并用自来水冲洗 30 min，先用 70%的酒精消毒 10 ~ 20 s，再用 0.1%的 $HgCl_2$ 消毒 8 ~ 10 min，用无菌水冲洗 5 ~ 6 次，用无菌滤纸吸干水分后作为外植体以供接种用。

（三）培养基及温光条件

基本培养基为 MS；丛芽诱导培养基：①MS+6-BA 1.0 mg/L+2，4-D 0.1 mg/L；芽增殖培养基：②MS+6-BA 0.5 ~ 1.0 mg/L+NAA 0.1 ~ 0.3 mg/L；生根培养基：③1/2MS+IBA 1.0 mg/L。

上述培养基均加琼脂 0.6%，pH 为 5.8，①和②培养基加蔗糖 3%，③号培养基加蔗糖 2%。培养温度为（25±1）℃，光照时间为 12 h/d，光照度为 2 000 lx。

（四）丛芽的诱导与增殖

将灭过菌的带腋芽茎段，接种于丛芽诱导培养基①上，8 ~ 9 d 后，腋芽开始膨大；15 d 后可见周围分化出丛生芽。将丛生芽切割，转接于芽增殖培养基②上，20 d 后即可形成新的丛生芽，平均每株达 4.2 个芽。将丛生芽再切割在培养基②上，如此多次继代培养，即可不断地获得大量的丛生芽，再生根培养后成苗。

（五）生根与炼苗移栽

将高 1.5 ~ 2.0 cm 的小芽，接种到生根培养基③上，12 d 后芽苗基部开始生根；20 d 后，每苗长出 5 ~ 7 条幼根，平均根长 1.0 ~ 1.5 cm，生根率可达 90%以上。

移栽前，先将生根后的试管苗封口膜打开，在培养室里炼苗 2 d，然后，小心取出试管苗，洗净根部培养基，移栽于经 0.1%的百菌清消毒的蛭石、珍珠岩、菜园土（1：1：2）的混合基质中，加盖薄膜和遮阳网，保持相对湿度 90%左右，遮阴 50%以上，7 d 后，揭去薄膜和遮阳网，逐渐通风和加强光照，保持温度 20～25 ℃，30 d 后小苗成活率达 90%以上。

十七、非洲菊的组织培养技术

非洲菊（*Gerbera jamesonii* Bolus.，见图 7-58）别名扶郎花、灯盏花、秋英、波斯花、千日菊、太阳花、猩猩菊、日头花，为被子植物门、双子叶植物纲、菊科大丁草属多年生草本植物。原产地为南非，后引入英国，现世界各地广泛栽培，我国主要分布在华南、华东、华中等地区。株高 30～45 cm；须根系；根状茎短，为残存的叶柄所围裹；多数叶为基生，羽状浅裂；头状花序顶生，花朵硕大，花色丰富，分别有红色、白色、黄色、橙色、紫色等。该花管理省工，在温暖地区能常年供应，是现代切花中的重要材料，供插花以及制作花篮，也可作盆栽观赏。

图 7-58 非洲菊

（一）外植体选择

取其花托或叶片作为外植体。

（二）无菌外植体的获得

取健壮无病、直径约 1 cm 的花托剪下，用清水冲洗数次，剥去外侧数层苞片，并剪去花柄。叶片用清水冲洗 30 min，修剪成小块。将洗净的外植体放入超净工作台，先用 70%的酒精消毒 10～20 s，再用 0.1%的 $HgCl_2$ 消毒 8～10 min，用无菌水冲洗 5～6 次，用无菌滤纸吸干水分，修剪叶片外缘，以供接种用。

（三）培养基及温光条件

基本培养基为 MS；丛芽诱导培养基：①MS+6-BA 4.0 mg/L+IAA 0.1 mg/L；继代培养基：②MS+6-BA 3～4 mg/L+IAA 0.1～0.3 mg/L；生根培养基：③1/2MS+IAA 1.0 mg/L。

上述培养基均加琼脂 0.6%，pH 为 5.8，①、②和③号培养基加蔗糖 3%。培养温度为（25±1）℃，光照时间为 8～10 h/d，光照度为 1 000～2 000 lx。

（四）丛芽的诱导与增殖

将灭过菌的叶片或花托，接种于培养基①上，30～50 d 后，外植体开始膨大；慢慢可见分化出芽。此时可将其切割成数块，转接于培养基②上，30 d 后即可分化出幼苗。

（五）生根与炼苗移栽

当分化出的幼苗长到一定高度（2～3 cm），或分化出一定数量后，将其切下接种到生根培养基③上，诱导生根。15～30 d 后形成完整健康的再生植株。当试管苗高 10～20 cm，并生有 3～4 条 1 cm 左右长的新根时，即可移栽。

移栽前进行炼苗，把培养瓶从培养室中取出置于自然条件下，揭开瓶盖，让幼苗进行透气。24 h 后，从瓶中取出幼苗，并在清水中洗净培养基，准备移栽（见图 7-59）。移栽基质可采用灭菌处理的腐熟锯木屑，也可采用经灭菌处理的由蛭石与珍珠岩按 1∶1 比例配的混合基质。覆盖薄膜保温，保持相对湿度 90% 左右，保持温度为 18～25 ℃。

图 7-59　非洲菊移栽

十八、红掌的组织培养技术

红掌（*Anthurium andraeanum*，见图 7-60）别名花烛、安祖花、火鹤花、红鹤芋、红鹅掌等，为被子植物门、单子叶植物纲、天南星科、花烛属多年生草本植物。红掌原产于哥斯达黎加、哥伦比亚等热带雨林区，欧洲、亚洲、非洲均有广泛栽培，中国于 20 世纪 70 年代开始引种栽培。红掌为常绿草本花卉，株高 50～80 cm，因品种而异；具肉质根；无茎；叶从根茎抽出，具长柄，单生，心形，鲜绿色，叶脉凹陷；花腋生，佛焰苞蜡质，正圆形至卵圆形，鲜红色、橙红肉色、白色，肉穗花序，圆柱状，直立。四季开花，花朵独特，有佛焰花序，色泽鲜艳华丽，色彩丰富，花期长，花的颜色变化大，花序从苞叶展开到花的枯萎凋谢，颜色发生一系列的变化，由开始的米黄色到乳白色，最后变成绿色，枯萎之前又变成黄色。叶形苞片，常见苞片颜色有红色、粉红、白色等，具有极大的观赏价值。

图 7-60　红掌

（一）外植体选择

取其腋芽作为外植体。

（二）无菌外植体的获得

在健壮无病植株上用利刀切取腋芽，用洗衣粉洗，然后用清水冲洗数次。将洗净的外植体放入超净工作台，将腋芽再去一层苞叶（部分过小腋芽可不去），先用75%的酒精消毒5~10 s，再用0.1%的HgCl$_2$消毒8~10 min，用无菌水冲洗5~6次，用无菌滤纸吸干水分，以供接种用。

（三）培养基及温光条件

基本培养基为MS；丛芽诱导培养基：①MS+6-BA 1.0 mg/L+2，4-D 0.1 mg/L；继代培养基：②1/2MS+6-BA 1~2 mg/L+2，4-D 0.1~0.3 mg/L；生根培养基：③1/2MS+IBA 2.0 mg/L。

上述培养基均加琼脂0.6%，pH为5.8，①、②和③号培养基加蔗糖3%。培养温度为（25±2）℃，除刚接种的外植体暗培养3~5 d外，其余均光照，光照时间为10~12 h/d，光照度为2 500~3 000 lx。

（四）丛芽的诱导与增殖

将灭过菌的腋芽接种于培养基①上，9 d后腋芽开始萌动，茎尖增粗，嫩叶伸长、展开，基部产生愈伤组织。当愈伤组织长到1 cm×1 cm左右时，将其切成0.3 cm×0.3 cm转移到培养基②上，反复继代培养，20 d后即可分化出不定芽，40 d左右不定芽长至3片叶。

（五）生根与炼苗移栽

当分化出的不定芽或先分化且已长至3片叶以上的植株时接种到生根培养基③上，诱导生根。当试管苗生有3~4条2 cm左右长的新根时，即可移栽。移栽前进行炼苗，把培养瓶从培养室中取出置于自然条件下7~10 d。从瓶中取出幼苗，并在清水中洗净培养基，准备移栽。全株用800~1 000倍甲基托布津溶液浸洗3 min，移栽于椰康、泥炭土（2∶1）制成的基质中。

任务六　园林绿化植物的组织培养技术

一、荚果蕨的组织培养技术

荚果蕨（*Matteuccia struthiopteris*，见图7-61）别名黄瓜香、野鸡膀子，为蕨类植物门、蕨纲、真蕨目、球子蕨科、荚果蕨属植物。荚果蕨原产中国，多生于海拔900~3 200 m的高山林下。叶杯状丛生，二型叶，不育叶两短变小，2回羽状裂，新生叶直立向上生长，展开后则呈鸟巢状。可育叶从叶丛中间长出，叶柄较长，粗而硬，为不育叶的1/2，羽片荚果状。荚果蕨是大中型蕨类观赏植物，供园林露地造景之用，用组织培养可大量繁殖。

（一）外植体选择

取成熟的孢子作为外植体。

图 7-61　荚果蕨

（二）无菌外植体的获得

取荚果蕨成熟的孢子放在滤纸内，先用 75% 的酒精浸泡 30 s，用无菌水浸泡 2 次，再用 0.1% 的 $HgCl_2$ 溶液消毒 5 min，用无菌水冲洗 4~5 次后作为外植体以供接种用。

（三）培养基及温光条件

基本培养基为 MS；原叶体形成培养基：①MS+0.3% 活性炭；孢子体形成培养基：②1/2MS。

上述培养基均加蔗糖 3%，琼脂 0.7%，pH 为 5.8。培养温度为 25 ℃，光照时间为 12 h/d，光照度为 1 000~2 000 lx。

（四）原叶体的形成

将消毒的成熟孢子接种到培养基①上，20 d 后培养基上孢子萌发，出现绿色的芽点，再过 10 d 后在培养基上的孢子形成心形成熟状的原叶体，一般形成时间要 25 d，原叶体形成率为 100%。

（五）孢子体的形成与移栽

将原叶体接种在培养基②上，原叶体均大量增殖，培养 90 d 后，有孢子体形成，形成率在 60% 以上。当孢子体长至 5~8 cm，具有 2~3 片叶子时即可移栽，移栽前先在室外炼苗 2 d，然后取出洗净根部培养基，移至经消毒的蛭石中保温、保湿，移栽成活率达 90% 以上。

除了上述方法外，也可用不完全培养法来进行孢子体诱导：取出继代增殖的原叶体，洗净基部培养基，平放在经高温消毒的蛭石或沙土上，注意保湿、保温。60 d 后，原叶体陆续长出孢子体，出苗率为 80%。

二、桔草的组织培养技术

桔草（*Cymbopogon gesoringii*，见图 7-62）为被子植物门、单子叶植物纲、禾本目、禾本科、香茅属多年生草本植物。秆较细弱，直立，高 60~90 cm，基部叶鞘破裂后反卷，里面呈红棕色。桔草是中国亚热带地区山坡草地常见牧草之一，主要分布于华北以南等地；南亚、东南亚和日本也有分布。桔草多用分株法繁殖，但繁殖系数低，故采用组织培养方法进行快速繁殖。此草多用于盆栽或庭院绿化。

图 7-62　桔草

（一）外植体选择

可选其刚开始拔节的嫩茎段作为外植体进行快繁。

（二）无菌外植体的获得

采回开始拔节的植株，剪去根部，去掉叶片，将嫩茎用软刷蘸少许洗衣粉刷洗，并用自来水冲洗 30 min，先用 70%的酒精消毒 30 s，再用 0.1%的 IIgC1$_2$ 消毒 8 ~ 10 min，用无菌水冲洗 5 ~ 6 次，取其有节间的茎段作为外植体以供接种用。

（三）培养基及温光条件

基本培养基为 MS 或 N$_6$；愈伤组织诱导培养基：①MS+6-BA 0.5 ~ 1.0 mg/L+NAA 0.1 mg/L+2, 4-D 1.5 mg/L；不定芽诱导培养基：②MS+6-BA 0.5 mg/L+IAA 0.1 mg/L 或③N$_6$+6-BA 0.5 mg/L+NAA 0.2 mg/L；生根培养基：④1/2MS+NAA 0.1 mg/L。

上述培养基均加琼脂 0.7%，pH 均为 5.8，①号培养基加蔗糖 4%，②、③号培养基加蔗糖 3%，④号培养基加蔗糖 1.5%。培养温度为（24±2）℃，光照时间为 12 h/d，光照度为 2 000 ~ 3 000 lx。

（四）愈伤组织及不定芽的诱导

将灭过菌的外植体接种到培养基①上，接种后 7 ~ 9 d 可形成愈伤组织。将形成的愈伤组织切块，转接到不定芽诱导培养基②或③中，培养 5 d 后，愈伤组织开始生长变化，不断形成颗粒状，并产生少数绿色突起。当培养 15 ~ 20 d 时，逐渐分化出少许绿色芽点，培养 45 d 时，颗粒状愈伤组织形成不定芽。愈伤诱导分化率可达 90%以上。

（五）生根与移栽

把培养基③上诱导的不定芽切成单芽，接种到生根培养基④中，8 d 后不定芽开始长根。培养 30 d 后芽苗高 2 ~ 5 cm，根长 2 cm 左右，形成具有十几条根的丛生苗。将丛生苗切成有根单芽苗，移栽于肥沃土、河沙土比例为 1：1 的混合基质中，注意保温、保湿，移栽成活率达 90%以上。

三、毛刺槐的组织培养技术

毛刺槐（*Robinia hispida*，见图 7-63）又名毛洋槐、红花槐、江南槐，为被子植物门、双子叶植物纲、杜鹃花目、蝶形花科、刺槐属落叶乔木或灌木，高 1~3 m。毛刺槐原产北美，我国北京、天津、陕西、江苏和辽宁等地有引种。毛刺槐幼枝绿色，密被紫红色硬腺毛及白色曲柔毛，二年生枝深灰褐色，密被褐色刚毛，毛长 2~5 mm，羽状复叶长 15~30 cm。花大而美丽，耐寒、耐旱能力强，生长快，耐修剪，萌蘖力强，对烟尘及有毒气体如氟化氢等有较强的抗性。毛刺槐具有很强抗盐碱的能力，是盐碱地区园林绿化的好树种。

（一）外植体选择

取其带芽的茎段作为外植体。

（二）无菌外植体的获得

5 月份取生长健壮、无病虫害的母株，切取当年生 2~3 cm 的新萌发春梢，去掉叶片和叶柄，用软刷蘸少许洗衣粉在流水中冲刷干净，用 70%的酒精消毒 30 s，再用 0.1%的 HgCl$_2$ 消毒 8 min，用无菌水冲洗 4~5 次，用无菌滤纸吸干表面水分后作为外植体以供接种用。

图 7-63　毛刺槐

（三）培养基及温光条件

基本培养基为 MS；芽诱导培养基：①MS+6-BA 0.5~1.0 mg/L+NAA 0.1 mg/L 或② MS+6-BA 0.5 mg/L+IAA 0.05 mg/L；生根培养基：③MS。

上述培养基均加蔗糖 3%，琼脂 0.7%，pH 为 6.5。培养温度为 25~30 ℃，光照时间为 12 h/d，光照度为 2 000~2 500 lx。

（四）芽的诱导与增殖

将灭过菌的外植体接种到培养基①和②上，7 d 后外植体膨大萌动，新梢逐渐伸长，培养 30 d，苗高平均 1.7 cm，外植体基部产生愈伤组织，所萌发出的新生芽正常生长。把萌发的新生芽从茎段上切下，转移到相同新鲜培养基①和②上进行继代增殖。每隔 30 d 继代 1 次，可增殖 2~3 倍。

（五）生根与移栽

切取分化长 2~4 cm 的健壮新梢，转入生根培养基③上，15 d 后，从愈伤组织上开始生根，50 d 后，每个外植体平均有 3~4 条根，根长 8~9 cm，生根率达 90%，生长健壮。选择苗高 5 cm 以上的生根苗，打开培养瓶盖，把小苗取出，洗净根部培养基，移栽在经过 0.1% 的多菌灵消毒的蛭石、河沙、菜园土（1∶1∶2）的混合基质上。浇透水，盖膜保温、保湿，7~10 d 逐渐揭膜，每隔 3 d 轻浇 1 次水，7 d 后喷 1 次叶面肥或 1/10MS 营养液，移栽成活率可达 90%以上。

四、雪柳的组织培养技术

雪柳（*Fontanesia fortunei*，见图 7-64）别名挂梁青、珍珠花，为被子植物门、双子叶植物纲、玄参目、木犀科、雪柳属落叶灌木或小乔木，高达 8 m。雪柳适应性强，产于河北、陕西、山东、江苏、安徽、浙江、河南及湖北东部。雪柳生于水沟、溪边或林中，海拔在 800 m 以下。树皮灰褐色，枝灰白色，圆柱形，叶绿花白，小枝淡黄色或淡绿色，四棱形或具棱角，无毛。嫩叶可代茶；枝条可编筐；茎皮可制人造棉，也可栽培作绿篱。

（一）外植体选择

用其幼叶作为外植体。

（二）无菌外植体的获得

5 月份采回雪柳较嫩的叶片，先用软刷蘸 0.1%的洗衣粉刷洗并用自来水冲洗 5~10 min，用无菌水冲洗 2 次，然后用 75%的酒精消毒 10~20 s，再用 0.1%的 $HgCl_2$ 消毒 8~10 min，用无菌水冲洗 4~6 次，用无菌滤纸吸干表面水分，把嫩梢切成 0.3 cm 长方的小块作为外植体以供接种用。

图 7-64 雪柳

（三）培养基及温光条件

基本培养基为 MS；愈伤组织诱导培养基：①MS+2，4-D 0.1~2.0 mg/L+6-BA 1.5 mg/L+NAA 0.5 mg/L；芽分化培养基：②MS+6-BA 0.5 mg/L+IBA 0.2~0.5 mg/L；生根培养基：③ 1/2MS+NAA 0.5 mg/L 或④1/2MS+NAA 1.5 mg/L。

上述培养基均加琼脂 0.7%，①号培养基加蔗糖 4.5%，②号培养基加蔗糖 3%，③、④号培养基加蔗糖 1.5%。培养温度为 26 ℃，光照时间为 12 h/d，光照度为 2 000 lx。

（四）芽的诱导与增殖

将灭过菌的带芽茎段接种到愈伤组织诱导培养基①上，培养 8 d 后，叶片切口处均形成愈伤组织。培养 15 d 后形成 0.5 cm 左右的愈伤组织块。愈伤组织块初期为淡黄色，颜色逐渐加深，形成少量的绿色颗粒状物。将愈伤组织转接到分化培养基②上，培养 10 d 后，随着颗粒状愈伤组织生长不断变绿，逐渐形成芽点或丛生芽。培养 50 d 后，有的丛生芽生长快、粗壮，可长成高达 1.5 cm 的无根苗。

（五）生根与移栽

将生长高 1.5 cm 的无根苗从基部剪下，接种在生根培养基③或④上，开始形成愈伤组织，进而产生根原基，20 d 后无根苗平均可生根 5.5 条，根长 0.5 ~ 1.5 cm 时即可移栽。

移栽前把生根苗先在温室开瓶炼苗 2 ~ 3 d，然后移栽在下面铺有沃园土、上面铺有 5 cm 厚干净河沙的苗床上，生根苗移栽成活率在 85% 左右。也可把高 1.5 cm 左右的无根苗下部切口在 150 mg/L 的 IAA 溶液中浸蘸一下，再扦插在上述移栽苗床上，扦插成活率为 70%。

五、蓬莱松的组织培养技术

蓬莱松（*Asparagus myrioeladus*，见图 7-65）别名绣球松、水松、松叶文竹、松叶天门冬等，为被子植物门、单子叶植物纲、天门冬目、天门冬科、天门冬属多年生灌木状草本植物，株高 30 ~ 60 cm。蓬莱松原产南非纳塔尔，世界各地广为栽培。小枝纤细，叶呈短松针状，簇生成团，极似五针松叶。新叶翠绿色，老叶深绿色。蓬莱松极适于盆栽观赏，暖地也可布置花坛。它栽培管理简单，而且耐阴性好，适于中小盆种植，用于室内布置；同时，它也是插花衬叶的极好材料。

图 7-65　蓬莱松

（一）外植体选择

用其嫩枝带芽茎段作为外植体。

（二）无菌外植体的获得

取植株萌发的嫩梢，先用软刷蘸 0.1% 的洗衣粉刷洗，并用自来水冲洗 5 ~ 10 min，用无菌水冲洗 2 次，然后用 75% 的酒精消毒 10 ~ 20 s，再用 0.1% 的 HgCl₂ 消毒 8 ~ 10 min，用无菌水冲洗 4~6 次，用无菌滤纸吸干表面水分，把嫩梢切成 1 cm 左右的带芽茎段作为外植体以供接种用。

（三）培养基及温光条件

基本培养基为 MS；愈伤组织诱导培养基：①MS+6-BA 0.5~1.0 mg/L；芽诱导培养基：②MS+IBA 0.5~1.0 mg/L；生根培养基：③MS+KT 0.2 mg/L+NAA 0.5 mg/L 或④MS+6-BA 0.1 mg/L+NAA 0.5mg/L。

上述培养基均加蔗糖 3%，琼脂 0.7%，pH 为 6.5。培养温度为 25 ℃，光照时间为 14 h/d，光照度为 1 500 lx。

（四）芽的诱导与增殖

将灭过菌的带芽茎段接种到愈伤组织诱导培养基①上，培养 15 d 后，嫩茎基部开始膨大，并且逐渐产生直径为 0.4~1.0 cm 的愈伤组织，愈伤组织诱导率达 70%以上。挑选结构紧密的黄色愈伤组织，切成直径为 0.5 cm 的切块，转接到培养基②上。平均每块愈伤组织可分化出 5~6 个芽，分化率可达 90%。将基部带有愈伤组织分化嫩芽转接到相同新鲜的培养基②上增殖培养，30 d 左右嫩芽基部又产生新的芽并形成丛芽，可多次继代培养获得大量芽苗。

（五）生根与移栽

把长至 1 cm 高的增殖芽，切成单芽转接在生根培养基③或④上，均可诱导生根形成完整植株。培养 30 d 左右，嫩芽基部膨大并逐渐产生白色或浅绿色的根 2~3 条，这时即可移栽。

移栽前，先打开瓶盖在培养室炼苗 2~3 d，然后取出小苗，洗净根部培养基，移栽在经 0.1%的多菌灵或百菌清消毒的蛭石、河沙、腐殖土（1∶1∶2）的混合基质中，注意保温、保湿，移栽成活率可达 80%以上。

六、欧洲山杨的组织培养技术

欧洲山杨（*Populus tremula*，见图 7-66）为被子植物门、双子叶植物纲、杨柳目、杨柳科、杨属的高大乔木，高 10~20 m。欧洲山杨分布于中国新疆维吾尔自治区等地、俄罗斯西伯利亚、高加索和欧洲其他地区。树皮灰绿色，光滑，干基部为不规则浅裂或粗糙；树冠圆形；枝圆筒形，灰褐色，当年生枝红褐色，有光泽，无毛或被短柔毛。木材轻软，纹理细直，结构较细，供造纸和人造纤维用，也可供建筑、火柴杆和胶合板等用，树皮可提取栲胶。

（一）外植体选择

取其植株的顶芽、腋芽作为外植体。

（二）无菌外植体的获得

取顶芽、嫩茎段，用自来水冲洗 20 min 后，先用 70%的酒精消毒 30 s，再用 0.1%的 $HgCl_2$ 消毒 10 min，用无菌水冲洗 4~5 次，用无菌滤纸吸干表面水分，将顶芽或茎段切段作为外植体以供接种用。

图 7-66　欧洲山杨

（三）培养基及温光条件

基本培养基为 MS；不定芽诱导培养基：①MS+6-BA 0.5~1.0 mg/L；生根培养基：②MS+IBA 0.2 mg/L。

上述培养基均加蔗糖 3%，琼脂 0.7%，pH 为 5.8。培养温度为 25 ℃，光照时间为 10 h/d，光照度为 2 500 lx。

（四）芽的诱导与增殖

将灭过菌并切成段的外植体接种到培养基①上，7~9 d 后顶芽开始伸长，腋芽萌动，培养 30~40 d 后从芽基部分化出丛生芽。把丛生芽切割后转移到相应的培养基①上，30 d 后，又能分化出较多的丛生芽，每隔 30 d 继代 1 次，可增殖 6.5 倍。

（五）生根与移栽

待培养基①中分化苗长至 1~1.5 cm、具有 4 片叶时切成单株，移到生根培养基②上，4 d 后出现根原基，7 d 后可生根，10 d 后可长出数条粗壮根，生根率在 95% 以上。把生根苗取出，洗净根部培养基，移栽在经过 0.1% 的多菌灵消毒的混合基质中，注意保温、保湿，移栽成活率可达 90% 以上。

七、橡皮树的组织培养技术

橡皮树（*Ficus elastica*，见图 7-67）别名印度橡皮树、印度榕大叶青、红缅树、红嘴橡皮树，为被子植物门、双子叶植物纲、荨麻目、桑科、榕属多年生常绿乔木。橡皮树原产巴西，现广泛栽培于亚洲热带地区。我国台湾、福建南部、广东、广西、海南和云南南部均有栽培，以海南和云南种植较多。主干明显，少分枝，长有气生根；单叶互生，叶片长椭圆形，厚革质，亮绿色，侧脉多而平行，幼嫩叶红色，叶柄粗壮。橡皮树观赏价值较高，是著名的盆栽观叶植物，极适合室内美化布置。中小型植株常用来美化客厅、书房；中大型植株适合布置在大型建筑物的门厅两侧及大堂中央，显得雄伟壮观，可体现热带风光。

（一）外植体的选择

可选用茎尖作为外植体。

图 7-67　橡皮树

（二）无菌外植体的获得

选无病虫害、生长健壮的优良橡皮树植株，切取其带顶芽的茎段长 5 cm，去除叶片后，先用软毛刷蘸少许 0.1% 的洗衣粉刷洗，并用自来水冲洗干净，用无菌水冲洗 2 次，然后用 75% 的酒精消毒 0.5～1 min，再用 0.1% 的 $HgCl_2$ 消毒 10 min，用无菌水冲洗 6 次，取茎尖生长点约 5 mm 作为外植体以供接种用。

（三）培养基及温光条件

基本培养基为 MS、SH；愈伤组织及芽诱导培养基：①MS+6-BA 0.5～1.0 mg/L+IBA 0.5 mg/L+GA_3 0.1 mg/L；芽增殖培养基：②SH+6-BA 1.0 mg/L+IBA 0.2 mg/L+GA 0.1 mg/L；生根培养基：③1/2MS+IAA 1.5 mg/L。

上述培养基均加琼脂 0.7%，①、②号培养基加蔗糖 3%，③号培养基加蔗糖 1.5%。培养温度为 26～28 ℃，光照时间为 10～12 h/d，光照度为 2 000 lx。

（四）芽的诱导与增殖

把灭过菌的外植体接种到培养基①上，培养 20 d 后，芽开始萌动、伸长，同时从芽的基部产生质地细密的黄白色愈伤组织在培养基上增殖生长。30 d 后，这些愈伤组织上分化出丛芽。把这些芽及时转到培养基②上（否则由于繁殖速度快而生长势弱，难以生根成苗）培养 30 d，小芽生长健壮旺盛。40 d 后切下生长旺盛的小芽植株转入培养基③上进行生根培养，其基部有愈伤组织的部分仍置培养基②上继续分化增殖，每隔 40 d 继代 1 次，每次增殖 6～8 倍。

（五）生根培养与炼苗移栽

把培养基②上的苗转接培养基③上生根培养，15 d 后根长 2 cm 左右，平均每株生根 3～6 条，即可移栽。

移栽前，先将生根苗在温室闭瓶炼苗 7 d，开瓶适应 2～3 d，然后取下小苗，洗净根部培养基，移栽在下部装 2/3 肥沃营养土，上部有河沙的营养钵或苗床上，栽后用 1 000 倍的多菌灵液喷洒防病，并盖膜保温、保湿。7～10 d 后逐渐放风，20 d 后可去膜，移栽成活率为 85%～95%。

八、南洋杉的组织培养技术

南洋杉（*Araucaria cunninghamii* Sweet.，见图7-68）别名澳洲杉、鳞叶南洋杉、塔形南洋杉，为裸子植物门、松柏纲、松柏目、南洋杉科、南洋杉属多年生常绿乔木。南洋杉原产大洋洲东南沿海地区，现在中国广东、福建、台湾、海南、云南、广西等地庭院露地栽培，长江流域及其以北各大城市则为盆栽，温室越冬。南洋杉在原产地高达60～70 m，胸径达1 m以上，树皮灰褐色或暗灰色，粗，横裂；大枝平展或斜伸，幼树冠尖塔形，老树则呈平顶状，侧身小枝密生，下垂，近羽状排列。南洋杉不耐寒，忌干旱，冬季需充足阳光。

南洋杉树形高大，姿态优美，它和雪松、日本金松、北美红杉、金钱松被称为是世界五大公园树种。南洋杉宜独植作为园景树或作纪念树，也可作行道树，但以选无强风地点为宜，以免树冠偏斜。南洋杉又是珍贵的室内盆栽装饰树种。南洋杉树形为尖塔形，枝叶茂盛，叶片呈三角形或卵形，为世界著名的庭园树之一；幼苗盆栽适用于一般家庭的客厅、走廊、书房的点缀；也可用于布置各种形式的会场、展览厅；还可作为馈赠亲朋好友开业、乔迁之喜的礼物。同时，南洋杉材质优良，是澳洲及南非重要的用材树种，可供建筑、器具、家具等用。

图 7-68　南洋杉

（一）外植体选择

取其分枝的茎段为外植体。

（二）无菌外植体的获得

取南洋杉成龄优良单株的顶梢下第1轮分枝茎段为材料，顶梢萌动前在晴天下午剪取分枝，放入无菌水中，然后取出切成2 cm茎段，移入盛有两滴吐温80和250 mL无菌水的广口瓶内，搅动30 min后，用75%的酒精消毒30 s，再用0.1%的$HgCl_2$消毒15 min，用无菌水冲洗7～8次，保留在无菌水中备用。将灭菌的茎段切成长1.0～1.5 cm的外植体以供接种用。

（三）培养基及温光条件

基本培养基为MS；腋芽诱导及伸长培养基：①1/2MS；芽增殖培养基：②1/2MS+KT 2.0 mg/L+BA 1.2 mg/L；生根培养基：③1/4MS+IBA 2.0 mg/L。

上述培养基均加蔗糖2%，琼脂0.6%，pH为5.7。外植体暗培养10～15 d后，转入光培养。培养温度为25 ℃，光照时间为16 h/d，光照度为1 500～2 000 lx，相对湿度为70%～80%。

（四）腋芽的诱导与伸长

将灭过菌的外植体接种到培养基①上，暗培养 10 ~ 15 d 后，转入光培养，培养 50 ~ 65 d，培养基上的外植体平均每个产生 3 ~ 4 个腋芽。将诱导的腋芽转入相同的新鲜培养基①上，置于 30 ℃ 的温度下进行伸长培养。再培养 50 ~ 60 d，腋芽平均伸长 5.5 mm。

（五）芽的增殖

芽的增殖有两个途径：一是将初次诱导发生的腋芽接种到增殖培养基②上，经 50 ~ 60 d，一般在芽的下端产生 2 个芽；二是主茎明显的芽切去基部老化的愈伤组织和基部分枝，以促进主茎伸长，长到 3 ~ 4 cm 时，将其切成 3 ~ 4 段，接种在相同的新鲜培养基②上连续继代培养，培养繁殖系数可达 6 ~ 8。

（六）生根与移栽

待增殖芽长到 1.5 ~ 2 cm 时切成单芽，转入生根培养基③上，培养 15 d 后，再转入培养基①上培养，生根率可达 70%，每芽产生不定根 1 ~ 2 条。待生根苗长到 3 ~ 4 cm 时，把培养瓶盖打开，注入无菌蒸馏水，淹没培养基表面，秋季保持 1 ~ 2 d，春季保持 3 ~ 5 d。以后可定植到珍珠岩上，保持湿度 95% 以上，温度 20 ~ 25 ℃，定植后 40 ~ 45 d 可见新叶生长，新叶由浅绿色变深绿时，移栽在河沙和园土混合的基质中。

九、泡桐的组织培养技术

泡桐（*Paulownia* Sieb.，见图 7-69）为被子植物门、木兰纲、玄参目、玄参科、泡桐属落叶乔木，热带为常绿。泡桐共有 7 种，均产自中国，除东北北部、内蒙古、新疆北部、西藏等地区外全国均有分布，栽培或野生，有些地区正在引种。白花泡桐在越南、老挝也有分布，有些种类已在世界各大洲许多国家引种栽培。树冠圆锥形、伞形或近圆柱形，幼时树皮平滑而具显著皮孔，老时纵裂；通常假二叉分枝，枝对生，常无顶芽；除老枝外全体均被毛；叶对生，大而有长柄，生长旺盛的新枝上有时 3 枚轮生，心脏形至长卵状心脏形，基部心形，全缘、波状或 3 ~ 5 浅裂，在幼株中常具锯齿，多毛，无托叶。

图 7-69　泡桐

泡桐属的物种生长非常迅速，十几年树龄的泡桐要比同龄杨树直径大一倍，但生长时间长了，树干会出现中空。泡桐是中国的特产树种，具有很强的速生性，是平原绿化、营建农田防护林、四旁植树和林粮间作的重要树种。泡桐是生产单板材如胶合板、拼板、集成材等最优良的材料，也是生产刨花板、纤维板和造纸的优良原料。

泡桐属的物种是经济价值大的速生树种，也是优良的绿化造林树种，有些物种又适宜于农桐兼作，材质佳良，用途广泛，发展泡桐生产在国民经济中有重要价值。该属的物种为高大乔木，材质优良，轻而韧，具有很强的防潮隔热性能，耐酸耐腐，导音性好，不翘不裂，不被虫蛀，不易脱胶，纹理美观，油漆染色良好，易于加工，便于雕刻，在工农业上用途广泛。在工业和国防方面，可利用其制作胶合板、航空模型、车船衬板、空运水运设备，还可制作各种乐器、雕刻手工艺品、家具、电线压板和优质纸张等；建筑上做梁、檩、门、窗和房间隔板等；农业上制作水车、渡槽、抬扛等，泡桐叶、花可作猪、羊饲料；在园林上，可作良好的绿化和行道树种，但泡桐不太耐寒，一般只分布在海河流域南部和黄河流域，是黄河故道上防风固沙的最好树种；此外，泡桐也具有药用价值，泡桐的叶、花、木材有消炎、止咳、利尿、降压等功效。

（一）外植体的选择

取其叶柄作为外植体。

（二）无菌外植体的获得

取尚未开裂的成熟蒴果，用自来水冲洗 20 min，先用 75%的酒精擦拭，再用 0.1%的 $HgCl_2$ 消毒 20 min，用无菌水冲洗 5 次，用无菌滤纸吸干水分后，剥出种子播于无激素的 MS 培养基上，促使发芽形成芽苗。当幼苗长出 1~2 对真叶时，可剪取长 0.5~1.0 cm 的叶柄作为外植体以供接种用。

（三）培养基及温光条件

基本培养基为 MS；芽诱导培养基：①MS+BA 4.0 mg/L；芽增殖培养基：②MS+BA 4.0 mg/L+NAA 0.2 mg/L；生根培养基：③1/2MS+KT 0.5 mg/L+IBA 0.25 mg/L。

上述培养基均加蔗糖 3%，琼脂 0.7%，pH 为 5.8。培养温度为 26 ℃，光照时间为 14 h/d，光照度为 1 600 lx。

（四）芽的诱导与增殖

把灭过菌的外植体接种到培养基①上，培养 10 d 后，基部先膨大，继而形成大量芽原基，15 d 后可诱导出芽，进而形成芽丛，丛生芽多数不经过愈伤组织，直接起源于叶柄基部膨大部分表面，即由叶柄基部的薄壁细胞增殖而来。将培养基①上丛芽转入培养基②上，15 d 后芽可增高达 1 cm 以上。把外植体上的芽苗切下转入生根培养基③上培养，余下的愈伤组织转入培养基②上，15 d 后又可切取 7~8 个高达 0.5~1.0 cm 的芽转入生根培养基。

（五）生根与炼苗移栽

把切下的无根苗移到培养基③上，8 d 后开始生根，20 d 后大多数能形成良好根系。往后即可按常规办法进行试管苗移栽管理。

十、枫香树的组织培养技术

枫香树（*Liquidambar formosana* Hance.，见图7-70）为被子植物门、双子叶植物纲、蔷薇目、金缕梅科、枫香树属落叶乔木。枫香产自中国秦岭及淮河以南各省，北起河南、山东，东至台湾，西至四川、云南及西藏，南至广东；也见于越南北部、老挝及朝鲜南部。枫香高达30 m，胸径最大可达1 m，树皮灰褐色，方块状剥落；小枝干灰色，被柔毛；叶薄革质，阔卵形，掌状3裂，中央裂片较长，先端尾状渐尖，两侧裂片平展，基部心形，上面绿色，干后灰绿色，不发亮；下面有短柔毛，或变秃净仅在脉腋间有毛；掌状脉3~5条，网脉明显可见；托叶线形，游离，或略与叶柄连生，长1~1.4 cm，红褐色，被毛，早落。枫香喜温暖湿润气候，性喜光，耐干旱瘠薄。树脂供药用，能解毒止痛、止血生肌；根、叶及果实也可入药，有祛风除湿、通络活血功效。木材稍坚硬，可制家具及贵重商品的装箱。

图 7-70　枫香树

（一）外植体的选择

取其下胚轴作为外植体。

（二）无菌外植体的获得

枫香种子秋季采收晒干后，于4 ℃温度下贮藏60 d。种子用洗涤剂洗净，用自来水冲洗。先用75%的酒精消毒30 s，再用0.1%的$HgCl_2$消毒12 min，用无菌水洗涤5~6次，接种到培养基①上。种子萌发后的幼苗长至1~2 cm时，取下胚轴切成3~5 mm的小段作为外植体以供接种用。

（三）培养基及温光条件

基本培养基为MS；种子萌发培养基：① MS；不定芽诱导培养基：② 1/2MS+BA 0.5~1.0 mg/L+NAA 0.1 mg/L；不定芽增殖培养基：③ 1/2MS+BA 1.0 mg/L+NAA 0.1 mg/L+GA_3 3.0 mg/L；生根培养基：④WPM+IBA 2.0 mg/L。

上述培养基均加蔗糖3%，琼脂0.6%，pH为5.8。培养温度为26 ℃，光照时间为16 h/d，光照度为2 000 lx。

（四）不定芽的诱导与增殖

把灭过菌的外植体接种到培养基②上，培养 15 d 后，切口处膨大，表面出现绿色的瘤状物。20 d 后出现叶原基和明显的芽分生组织。培养 30 d 后，每个外植体可形成 6 个左右的芽，一般呈矮生状态，将诱导的芽转接到培养基③上，15 d 后多数芽增高达到 1 cm 以上。

（五）生根与炼苗移栽

剪取 2~3 cm 高的苗，置入培养基④上，7 d 后，从苗基部分化出白色不定根突起。15 d 后苗基部生出 5~8 条白色辐射状幼根，生根率为 100%。此时即可移栽，移前打开瓶盖，在室内炼苗 3 d，然后取出小苗，洗净根部培养基，移栽于蛭石与细沙混合的基质中，用 1/4MS 营养液浇灌，保湿并移入温室管理，成苗后移栽于苗圃内。

参 考 文 献

[1] 陈世昌，王小琳. 植物组织培养[M]. 2 版. 重庆：重庆大学出版社，2011.

[2] 陈美霞. 植物组织培养[M]. 武汉：华中科技大学出版社，2012.

[3] 王清连. 植物组织培养[M]. 北京：中国农业出版社，2002.

[4] 王振龙. 植物组织培养[M]. 北京：中国农业大学出版社，2007.

[5] 曹春英. 植物组织培养[M]. 北京：中国农业出版社，2006.

[6] 李永文. 植物组织培养技术[M]. 北京：北京大学出版社，2007.

[7] 王蒂. 植物组织培养[M]. 北京：中国农业出版社，2004.

[8] 沈海龙. 植物组织培养[M]. 北京：中国林业出版社，2005.

[9] 王蒂. 应用生物技术[M]. 北京：中国农业科技出版社，1997.

[10] 刘振祥，廖旭辉. 植物组织培养技术[M]. 北京：化学工业出版社，2007.

[11] 樊亚敏，贺爱利. 浅谈植物组织培养的发展与应用[J]. 吉林农业，2013（6）：132 -133.

[12] 杨其光. 名优特植物的组织培养和快速繁殖[J]. 安徽科技，2003（11）：20-22.

[13] 王翠梅. 植物组织培养在农业中的应用[J]. 商品与质量，2013（1）：326.

[14] 刘永立，林颖. 植物组织培养技术及其在生产上的应用[J]. 新农村，2011（6）：5-7.

[15] 崔刚，单文修，秦旭，等. 葡萄开放式组织培养外植体系的建立[J]. 中国农学通报，2004，20（6）：36-38.

[16] 赵青华，陈永波，杨朝柱. 魔芋开放式组织培养技术初探[J]. 氨基酸和生物资源，2009，31（4）：79-82.

[17] 葛胜娟. 植物组织培养的发展历史与新技术展望[J]. 世界农业，2011，392（12）：71-75.

[18] 曾斌. 植物无糖组织培养技术[J]. 经济林研究，2005，23（2）：67-71.

[19] 肖哲丽，柳金凤. 植物组织培养的研究进展及新技术应用[J]. 宁夏农林科技，2011，52（1）：13-14，47.

[20] 闫新房，丁林波，丁义，等. LED 光源在植物组织培养中的应用[J]. 中国农学通报，2009，25（12）：42-45.

[21] 邸秀茹，焦学磊，崔瑾，等. 新型光源辐射的不同光质比对菊花组培苗生产的影响[J]. 植物生理学通讯，2008，44（4）：661-664.

[22] TANAKA，TAKAMURA，WATANABe，et al. In vitro growth of cymbidium plantlets cultured under superbright red and blue light-emitting diodes（leds）[J]. Journal of horticultural science & biotechnology，1998（73）：39-44.

[23] 岳岚，张玉芳，何松林. 植物组织培养新技术的应用现状与发展趋势[J]. 现代园林，2008（3）：48-51.

[24] 陈炼佳. 国内外组织培养的成果及我国存在的问题[J]. 农牧情报研究，1989（10）：1-5.

[25] 阿·尔·罗金，耶·阿·卡拉什尼科瓦. 组培法的利用前景[J]. 江西林业科技，1997，9（3）：46-48.

[26] JONES. M. 植物细胞和组织培养的利用[J]. 北方农业科学，1990（1）：32-35.

[27] 夏镇澳. 植物组织培养与农业[J]. 植物生理学通讯，1995，31（1）：62-64.

[28] 贾敬芬. 植物细胞和组织培养技术动向[J]. 国际学术动态，1994（4）：96-97.

[29] 罗希明. 植物细胞和组织培养的发展现状与分析[J]. 情报知识，1990（6）：42-45.

[30] 李浚明. 植物组织培养教程[M]. 北京：北京农业大学出版社，1997.

[31] 曹孜义. 实用植物组培培养技术教程[M]. 兰州：甘肃科学技术出版社，1996.

[32] 刘元龙，王本昌. 组织培养中植物生长调节剂的调控[J]. 农业与技术，1996（2）：23-25.

[33] 黄新河，莫宏春，刘克武. 叶酸及其应用[J]. 四川食品与发酵，2003（4）：27-30.

[34] 刘用生，李友勇. 植物组织培养中活性炭的使用[J]. 植物生理学通讯，1994，30（3）：214-217.

[35] 肖里华. 植物材料表面消毒方法的改进[J]. 生物技术，1999，9（1）：43-45.

[36] 汪灵丹，张日清，金晓玲，等. 外植体的选择和灭菌对大叶榉组织培养的影响[J]. 湖南林业科技，2008，35（2）：21-24.

[37] 邹永梅，黄雪方. 外植体灭菌效果的影响[J]. 江苏教育学院学报（自然科学），2011，27（4）：25-28.

[38] 胡凯，张立军，白雪梅，等. 植物组织培养污染原因分析及外植体的灭菌[J]. 安徽农业科学，2007，35（3）：680-681.

[39] 马娜，何丽娜，姜岩，等. 锯叶班克木外植体的选择及灭菌方法的研究[J]. 中南林业科技大学学报，2011，31（12）：133-138.

[40] 黄晓梅. 植物组织培养[M]. 北京：化学工业出版社，2011.

[41] 潘瑞炽. 植物细胞工程[M]. 广州：广东高等教育出版社，2006.

[42] 邱运亮. 提高植物试管苗生根率的技术与方法[J]. 中国种业，2004（5）：27-28.

[43] 徐振华，王学勇，李敬川，等. 试管苗瓶外生根的研究进展[J]. 中国农学通报，2002（17）：84-89.

[44] 颜昌敬. 植物组织培养手册[M]. 上海：上海科技出版社，1990.

[45] 王玉英，高新一. 植物组织培养技术手册[M]. 北京：金盾出版社，2006.

[46] 李群，杜文平，王米力，等. 植物组织培养中控制污染技术研究[J]. 四川林业科技，1999，20（4）：22-25.

[47] 梁海曼，周菊华. 试管苗玻璃化现象的生理生化和机理探讨[J]. 植物科学学报，1994，12（3）：281-288.

[48] 程家胜. 植物组织培养与工厂化育苗技术[M]. 北京：金盾出版社，2003.

[49] 崔德彩，徐培文. 植物组织培养与工厂化育苗[M]. 北京：化学工业出版社，2003.

[50] 王会. 红实美草莓脱毒技术研究[J]. 长江蔬菜，2009，4（8）：14-17.

[51] 何欢乐，阳静，蔡润. 草莓茎尖培养脱毒效果研究[J]. 北方园艺，2005（5）：79-81.

[52] 杨小春. 草莓花药培养以及草莓镶脉病毒检测技术研究[J]. 南京农业大学学报，2006（5）：78-80.

[53] 张志宏，肖敏，杨洪. 草莓病毒脱毒方法的比较与评价[J]. 果树学报，2006，23（5）：720-723.

[54] 赵佐敏，艾勇. 草莓脱毒技术的研究与应用进展[J]. 贵州农业科学，2001，29（6）：50-52.

[55] 王常芸，李晓亮，王建玲，等．脱毒草莓设施栽培增产试验[J]．北方园艺，2007（2）：79-80.

[56] 刘卫平，李玉华，孙秀梅，等．马铃薯离体茎尖生长点对几种培养因子的生长反应［J］．中国马铃薯，2001（2）：82.

[57] 梅家训，丁习武．组培快繁技术及其应用[M]．北京：中国农业出版社，2003.

[58] 奚亚军，路明．小麦转基因技术的研究现状及在育种上的应用[J]．中国农学通报，2002，18（2）：55-57.

[59] 于相丽，孟军．小麦幼胚培养研究进展[J]．贵州农业科学，2009，37（7）：13-15.

[60] 官春云．作物栽培技术[M]．北京：中国农业科技出版社，1997.

[61] 林艺．水稻组织培养的研究进展及存在问题[J]．安徽农学通报，2010，16（1）：78-79.

[62] 陈彦成，黄红梅，刘清波，等．玉米组织培养研究进展[J]．现代农业科技，2011（20）：45-46.

[63] 裘文达．园艺植物组织培养[M]．北京：中国林业出版社，2001.

[64] 葛晓光．蔬菜学概论（北方本）[M]．北京：中国农业出版社，1984.

[65] 中国农业百科全书总编辑委员会蔬菜卷编辑委员会．中国农业百科全书(蔬菜卷)[M]．北京：农业出版社，1990.

[66] 刘艳涛，刘春琴，冯晓洁，等．草莓快繁的影响因子研究[J]．河北农业科学，2011，15（9）：41-43，53.

[67] 陈振光．果树组织培养[M]．上海：上海科学技术出版社，1985.

[68] 程家胜，史永忠，张志云．苹果组织培养中的玻璃苗问题[J]．植物生理学报，1990（1）：33-35.

[69] 王明忠，郭兆年．苹果组培芽露地嫁接技术研究[J]．华北农学报，1991，（4）：54-59.

[70] 张洪胜，苏佳明，于强．苹果脱毒苗在果园更新改建中的作用[J]．烟台果树，2012（2）：29.

[71] 韩素英，齐立旺，张淑改，等．核桃组培中防止组织氧化褐变措施的研究[J]．山西农业大学学报，1995，15（4）：339-341.

[72] 罗士韦，许智宏．经济植物组织培养[M]．北京：北京科学出版社，1988.

[73] 李静．几种名贵观赏植物的快速繁殖[J]．河北农业大学学报，1997，20（1）：30-35.

[74] 钱子刚．药用植物组织培养]M]．北京：中国中医药出版社，2007.

[75] 冉雄．中药组织培养实用技术[M]．北京：科学技术文献出版社，2004.

[76] 薛建平．药用植物生物技术[M]．北京：中国科学技术大学出版社，2005.

[77] 曹天旭，廉美兰，朴炫春，等．外部因子对金线莲丛生芽增殖和发根的影响[J]．延边大学农学学报，2004，26（2）：109-112.

[78] 刘红美，方小波，夏开德，等．多花黄精组织培养快繁技术的研究[J]．种子，2010（12）：13-17.

[79] 田宇红，王喆之．丹参组织培养及植株再生研究[J]．陕西师范大学学报，2003（31）：99-101.

[80] 石云平，李锋，凌征柱．白芨组织培养与快速繁殖技术研究[J]．广西农业科学，2009(40)：1408-1410.

[81] 杨祚斌，郑家文．山葵栽培技术[J]．云南农业，2005（7）：6-8．

[82] 王跃华，段茂华，任三军，等．山葵愈伤组织诱导与增殖研究[J]．江苏农业科学，2015（43）：53-55．

[83] 韦三立．花卉组织培养教程[M]．北京：中国林业出版社，2000．

[84] 熊丽，吴丽芳．观赏花卉的组织培养与大规模生产[M]．北京：化学工业出版社，2002．

[85] 杨乃博．花卉试管繁殖[M]．上海：上海科技出版社，1987．

[86] 程广有．名优花卉组织培养技术[M]．北京：科学技术文献出版社，2001．

[87] 谭澄文，戴策刚．观赏植物组织培养技术[M]．北京：中国林业出版社，2004．

[88] 唐敏．植物组织培养技术在石斛兰生产中的应用[J]．现代农业，2010（5）：18-19．

[89] 唐敏．稀土在球兰组织培养技术中的促根研究[J]．现代农业，2015（6）：103-105．

[90] 唐敏．持续低温胁迫下大花蕙兰不同组织器官耐寒响应[J]．北方园艺，2015（3）：84-87．

[91] 唐敏，蒋天仪．大花蕙兰组培苗耐寒性的综合评价[J]．四川农业大学学报，2014（3）：283-287．

[92] 赵祥云，王树栋，陈新露．百合[M]．北京：中国农业出版社，2000．

[93] 邹迎春，覃大吉，帅超群，等．仙客来植物组织培养快繁技术研究进展[J]．湖北民族学院学报（自然科学版），2011（29）：23-26．

[94] 李琳娜．菊花简化组培技术简报[J]．广东园林，1989（2）：28-29．

[95] 陈海，黄小江，林思诚，等．红掌组织培养和快速繁殖技术[J]．广西热带农业，2009（3）：6-8．

[96] 李慧．非洲菊组织培养快速繁殖技术[J]．上海农业科技，2003（4）：17-18．

[97] 张太希．非洲菊组织培养与快速繁殖试验研究[J]．现代农业科技，2011（6）：210-213．

[98] 陈龙清，季华．荚果蕨孢子的无菌培养[J]．植物生理学报，2000（5）：436-437．

[99] 陈正华．木本植物组织过程及其应用[M]．北京：高等教育出版社，1986．

[100] 董雁，别婉丽，赵继梅，等．三倍体山杨组培繁育技术的研究[J]．辽宁林业科技，1999（6）：11-16．

[101] 沈惠娟．木本植物组织培养技术[M]．北京：中国农业科学出版社，1992．

[102] 李伟，佟立君，丁庆祝，等．树木微繁技术中存在的问题及其解决途径[J]．林业科技，1993（5）：18-19．

[103] 张利，闫辉，高文强，等．白皮松组织培养研究[J]．中国农学通报，2012，28（7）：13-16．

[104] 崔俊茹，陈彩霞，李成，等．美国红栌的组织培养和快速繁殖[J]．植物生理学通讯，2004（5）：588．

[105] 黄修林，文清岚．杉木的组织培养与快速繁殖[J]．技术与市场，2012，8（19）：221-222．

[106] 薛杰，马书燕，李玉鹏，等．脱毒泡桐组培苗大田移栽试验[J]．绿色科技，2011（5）：148-149．

附　录

附录 1　常见缩写符号及中英文名称

缩写	英文名称	中文名称
A；Ad；Ade	Adenine	腺嘌呤
ABA	Abscisic acid	脱落酸
BA；BAP；6-BA	6-benzyladenine 6-benzylaminopurine	6-基腺嘌呤
°C	Degree celsius	摄氏度（温度单位）
P-CPOA	P-chlorophenoxyacetic acid	对-氯苯氧乙酸
CCC	Chlorocholine chlorid	矮壮素，三 C
CH	Casein hydrolysate	水解酪蛋白
CM	Coconut milk	椰子汁；椰子乳；椰子液体胚乳
cm	centimeter	厘米
d	day（s）	天
2，4-DB	2，4-dichlorophenoxybutyric acid	2，4-二氯苯氧丁酸
DNA	Deoxyribonucleic acid	脱氧核糖核酸
EDTA	Ethylenedinitrolotetraacetic acid	乙二胺四乙酸
ELISA	Enzyme-linked immunosorbent assay	酶联免疫吸附法
g	gram（s）	克
GA；GA_3	gibberellin；gibberellic acid	赤霉素；赤霉酸
h	hour（s）	小时
IAA	Indole-3-acetic acid	吲哚乙酸
IBA	Indole-3-butyric acid	吲哚丁酸
in vitro	斜体字，来自语法，意为在试管内，泛指离体培养试验	
in vivo	斜体字，来自语法，意为在活体内，泛指整体条件下的试验	
2-ip；IPA	2-isopentenyl adenine	异戊烯基腺嘌呤
kg	Kilogram（s）	千克
KT；Kt；K	Kinetin	激动素；动力精；糖基腺嘌呤
L；l	liter	升
LH	Lactalbumin hydrolysate	水解乳（清）蛋白
lx	lux	勒克斯（光照度单位）

缩写	英文名称	中文名称
m	meter	米
mg	milligram（s）	毫克
min	minute（s）	分（钟）
mL	milliliter	毫升
mm	millimeter	毫米
mmol	millimole（s）	毫摩尔
mol•wt	molecular weight	摩尔重量
NAA	Naphthalene acetic acid	萘乙酸
NOA	Naphthoxyacetic acid	萘氧乙酸
PBA；BPA	6-benzylamino-9-[2-tetrahydropyranyl]-9H-purine	多氯苯甲酸
PEG	Polyethylene glycol	聚乙烯乙二醇
pH	Hydrogen-ion concentration	酸碱度，氢离子浓度
PVP	polyvinylpyrrolidone	聚乙烯吡咯（烷）酮
RNA	Ribonucleic acid	核糖核酸
r/min		转每分，即每分钟转数
s	second（s）	秒（钟）
TDZ	Thidiazuron N-pheny-N'-1，2，3，-thia-diazol-5-ylurea	苯基噻二唑基脲
2，4，5-T	2，4，5-trichorphenoxy acetic acid	2，4，5-三氯苯氧乙酸
μm	micrometer（s）	微米
μmol	micromole（s）	微摩尔
VB_1	Thiamine-HCl	盐酸硫胺素
VB_3	Nicotinic-HCl	烟酸
VB_5	Calcium D-pantothenate	泛酸钙
VB_6	Pyridoxine- HCl	盐酸吡哆醇
V_C	Vitamin C	抗坏血酸
V_H	Vitamin H	生物素
YE	Yeast extract	酵母提取液（膏）
ZT；Zt；Z	Zeatin	玉米素
AC	Activated carbon	活性炭
UV	Ultraviolet light	紫外光
PCR	Polymerase chain reaction	聚合酶链式反应
DMSO	Dimethyl sulfoxide	二甲基亚砜

附录 2　常用化合物的分子量及浓度换算表

物质名称		分子量	1 mg/L = x mol/L	1 mol/L = x mg/L
无机物质	NH_4NO_3	80.04	12.494	0.080 0
	KNO_3	101.09	9.892	0.101 1
	$(NH_4)_2SO_4$	132.15	7.567	0.132 2
	$CaCl \cdot 2H_2O$	146.98	6.804	0.147 0
	$CaNO_3 \cdot 4H_2O$	236.16	4.234	0.236 2
	$MgSO_4 \cdot 7H_2O$	246.46	4.057	0.246 5
	KH_2PO_4	136.08	7.349	0.136 1
	NaH_2PO_4	156.01	6.410	0.156 0
	KCl	74.55	13.414	0.074 6
	$FeSO_4 \cdot 7H_2O$	278.00	3.597	0.278 0
	$Na_2\text{-}EDTA$	372.25	2.686	0.372 3
	$MnSO_4 \cdot 4H_2O$	223.01	4.484	0.223 0
	$ZnSO_4 \cdot 7H_2O$	287.54	3.478	0.287 5
	$CoCl \cdot 6H_2O$	237.95	4.203	0.238 0
	$CuSO_4 \cdot 5H_2O$	249.68	4.005	0.249 7
	$Na_2MoO_4 \cdot 2H_2O$	241.98	4.133	0.242 0
	H_3BO_3	61.83	16.173	0.061 8
	KI	165.99	6.024	0.166 0
有机物质	肌醇	176.12	5.678	0.176 1
	盐酸吡哆醇	205.64	4.863	0.205 6
	盐酸硫胺素	337.28	2.965	0.337 3
	烟酸	123.11	8.123	0.123 1
	核黄素	376.37	2.657	0.376 4
	抗坏血酸	176.12	5.678	0.176 1
	泛酸	219.23	4.561	0.219 2
	生物素	244.31	4.093	0.244 3
	叶酸	441.40	2.266	0.441 4
	维生素 B_{12}	1335.42	0.749	1.335 4

续表

物质名称		分子量	1 mg/L = x mol/L	1 mol/L = x mg/L
有机物质	甘氨酸	75.07	13.321	0.075 1
	葡萄糖	180.16	5.551	0.180 2
	蔗糖	342.30	2.921	0.342 3
	果糖	180.16	5.551	0.180 2
	半乳糖	180.16	5.551	0.180 2
植物生长调节剂	NAA	186.20	5.371	0.186 2
	2，4-D	221.04	4.522	0.221 1
	IAA	175.18	5.708	0.175 2
	IBA	203.18	4.922	0.203 2
	BA	225.26	4.439	0.225 3
	KT	215.21	4.647	0.215 2
	ZT	219.00	4.566	0.219 0
	2-ip	202.70	4.933	0.202 7
	GA$_3$	346.37	2.887	0.346 4
	ABA	264.31	3.783	0.264 3
	NOA	202.60	4.646	0.202 6

附：植物组织培养彩图

图 1　铁皮石斛组培苗工厂化生产

图 2　移栽的蝴蝶兰组培苗

图 3　山葵组培苗

图 4　丹参组培苗

图 5　白芨组培苗　　　　　　图 6　生姜组培苗　　　　　　图 7　铁皮石斛生根苗

图 8　金线莲组培苗　　　　　　　　　图 9　非洲紫罗兰组培苗

图 10　黄精组培苗

图 11　红掌组培苗

图 12　百合组培苗

图 13　文心兰增殖苗

图 14　细菌污染的丹参组培苗

图 15　真菌污染的丹参组培苗

图 16　发生褐变的丹参组培苗